U0167152

数据荒岛 写意求生

本书配套资源
助您轻松学编程

智能阅读向导为您找到适合您的专属学习方案，
在它的引导下，您可以获得：

| 本书配套视频资源 |

★ 视频形式讲解书本内容，易懂易记忆

| 编程直播课 |

★ 从基础开始详细讲解，Python编程轻松入门

| 编程老师答疑解惑 |

★ 解答您学习编程过程中难以理解的问题

扫码听课
获得智能阅读向导为您服务

数据荒岛求生
——从Excel数据分析到Python数据分析

曹鉴华　赵奇　著

中国水利水电出版社
www.waterpub.com.cn
·北京·

内 容 提 要

本书对比介绍 Excel 和 Python 两种工具在实现数据分析方面的相关内容和方法，旨在引领读者在大数据时代从 Excel 进阶到 Python 编程完成数据分析任务。书中按照学习递进层次分为数据分析基础篇、数据分析实践篇和数据分析进阶篇三部分内容，数据分析基础篇包括数据分析基础、数据分析基础工具；数据分析实践篇对比介绍使用 Excel 和 Python 来完成数据分析的各个步骤方法，包括数据源获取、数据预处理、数据选择、数据运算、数据分组、时序数据、数据可视化和数据输出；数据分析进阶篇包括使用简单工具实现数据分析进阶、Python 数据分析自动化报表进阶。

本书将掘金者荒野求生的游戏场景代入数据分析过程，形象贴切、结构紧凑、内容翔实、图文并茂、案例丰富，适合对数据分析感兴趣的读者入门和进阶学习，同时对从事数据科学、大数据相关工程的技术人员亦具有一定参考价值。

图书在版编目（CIP）数据

数据荒岛求生：从 Excel 数据分析到 Python 数据分析 /
曹鉴华，赵奇著 . — 北京 : 中国水利水电出版社，2021.3（2022.4重印）
　　ISBN 978-7-5170-9395-4

　　Ⅰ . ①数… Ⅱ . ①曹… ②赵… Ⅲ . ①表处理软件　②软件工具—程序设计 Ⅳ . ① TP391.13 ② TP311.561

中国版本图书馆 CIP 数据核字 (2021) 第 010389 号

书　　名	数据荒岛求生——从Excel数据分析到Python数据分析 SHUJU HUANGDAO QIUSHENG——CONG Excel SHUJU FENXI DAO Python SHUJU FENXI	
作　　者	曹鉴华　赵奇　著	
出版发行	中国水利水电出版社	
	（北京市海淀区玉渊潭南路1号D座 100038）	
	网址：www.waterpub.com.cn	
	E-mail：zhiboshangshu@163.com	
	电话：（010）63202266（营销中心）	
经　　售	北京科水图书销售有限公司	
	电话：（010）68545874、63202643	
	全国各地新华书店和相关出版物销售网点	
排　　版	北京智博尚书文化传媒有限公司	
印　　刷	涿州汇美亿浓印刷有限公司	
规　　格	190mm×235mm　　16开本　　16.5印张　　374千字	
版　　次	2021年3月第1版　　2022年4月第3次印刷	
印　　数	8001—13000册	
定　　价	69.00元	

分析基础篇

括两章内容，从数据分析需求、数据分析步骤、Excel数据分析入门、Python编程基础
据分析入门等方面介绍数据分析基础知识。

　　一个人、一匹马，勇闯数据荒岛——**数据分析基础**　本章内容以掘金者荒岛求生场
为何要做数据分析、如何做数据分析、常见数据分析场景三方面展开介绍。

　一把魔弓、一柄魔刀，武功装备——**数据分析基础工具**　本章内容以掘金者的装备
数据分析基础工具，介绍了Excel数据分析快速入门、安装和使用Anaconda、Python语言
、Python Numpy数组计算库和Python Pandas数据分析库、Python Matplotlib/Seaborn可视
速入门Python数据分析。

据分析实践篇

包括第3 ~ 10章，将掘金者荒岛求生各种场景比拟为数据分析各个步骤，对比Excel和
完成数据分析的阶段任务，同时在每一章都安排了综合实践演示，通过实际案例来介绍
段的完成过程。

3章　荒岛上的食物、淡水来源——**数据源获取**　本章内容介绍对比Excel和Python来完成
获取方面的操作，包括导入本地源数据文件、导入数据库源数据、爬取网络数据等，然后
进行初步熟悉，包括熟悉数据类型、数据整体信息和数据分布及数据源获取综合实践。

4章　荒岛食物去毒、淡水净化——**数据预处理**　本章内容介绍对比Excel和Python在数据
方面的实现过程，包括对数据缺失值、重复值、异常值的检测与处理，数据类型转换、建
索引和数据预处理综合实践。

5章　钓鱼、打猎还是种地——**数据选择**　本章内容介绍使用Excel和Python来完成数据集
查询，包括行列选择、区域选择、多表合并和数据选择综合实践。

第6章　从零开始构建有保障的荒岛生活——**数据运算**　本章内容介绍使用Excel和Python来
数据的相关运算，包括算术运算、比较运算、汇总统计、相关系数运算。

第7章　衣食住行！各方面要兼顾——**数据分组**　本章内容介绍使用Excel和Python来完成数
的分组统计，包括数据分组、数据透视表、数据分组统计实践。

第8章　画正字！竖旗杆！得记住时间——**时序数据**　本章内容介绍使用Excel和Python来完
序数据的基本操作，包括获取当前时间、字符串与时间转换、时间运算和时序案例综合实践。

第9章　求生信号！你们看见我在荒岛上——**数据可视化**　本章内容介绍使用Excel和Python来
成数据集的分析结果可视化，包括绘制画布及坐标系、基于Matplotlib绘制不同类型图表、图表
美化等。

第10章　终于得救，带着战利品离开——**数据输出**　本章内容介绍使用Excel和Python来完
数据集的分析结果输出，包括输出到文件、输出到数据库和数据输出综合实践。

3. 数据分析进阶篇

本篇包括第11章和第12章，从完整的数据分析流程综合实践、Python数据分析自动化实践两

容组织如下

1. 数据

本篇包

及 Python数

第1章

景入场，从

第2章

利器比拟教

编程基础

化库、快

2. 数

本篇

Python来

各个阶目

第3

数据源

对数据

第

预处理

立数据

第

的读取

第

完成数

第

据集

成时

完

样式

成

前　言

为什么写这本书

在如今的大数据、人工智能时代，学会对数据的理解和分析
小票，大到对一个企业经营账目都需要进行数据分析。对个人来说
哪些时刻、哪些地方花钱最多，然后决定是否省钱或更有效率地花
可以知晓企业的整体经营状况，知道哪些部门、哪些项目利润最多，

如何进行数据分析呢？本书为读者准备了非常基础而又翔实的
便于读者快速进入主题，还以知名的《荒野求生》的游戏场景开场。

书中将荒野求生视作数据分析，将游戏主角比拟为掘金者。开场
野求生，目标旨在挖掘数据中的"黄金"。掘金者装备一把魔弓、一
魔刀喻为Python。有了利器在手，掘金者勇敢开始挑战荒野生存，其
个阶段，包括数据采集、数据预处理、数据选择、数据统计分析、数
闯关，掘金者可以掌握利器的各种使用方法，成为合格的数据分析师。

虽然以游戏场景代入数据分析，但本书核心在于对比Excel和Python
突出大数据时代Python在数据分析中的优势。本书虽然为读者介绍了Ex
和便利优势，但更想带领读者学习使用Python来完成数据分析任务，掌
代最热门的编程语言Python，进而更高效、自动化地完成数据分析。

本书假定读者都有一定的Excel使用经验，习惯可视化界面菜单操作
格数据分析，同时对Python相对陌生，因此书中采用了基础—实践—进
构布局。在基础部分带领读者快速入门Excel和Python数据分析；在实践部
分步骤讲解，每个案例均采用Excel和Python对比形式，可以让读者顺利地
Python来完成案例任务；进阶部分提供完整的数据分析案例和Python自动化

本书主题为对比Excel学习Python数据分析，为读者介绍两种工具在数据
明显偏重于后者，更多地介绍Python编程知识和技术，这也符合大数据时代
位和技术配置需求，也为Excel数据分析爱好者提供一本使用Python进行数据
完成自身实力的升级。

阅读指南

本书主要包括数据分析基础、数据分析实践和数据分析进阶三部分内容。全

方面进行介绍。

第11章 论如何捕到蓝鲸——使用简单工具实现数据分析进阶 本章以掘金者熟练闯关比拟数据分析进阶，对比使用Excel和Python来完成淘宝用户行为数据集的分析任务，包括准备分析数据、明确数据分析目的和思路、完成数据导入和熟悉数据、完成数据清洗和整理、完成数据分析及可视化。

第12章 论如何自动把庇护所升级为城堡——Python自动化报表进阶 本章以掘金者创建AI智慧岛比拟Python自动化报表的实现，包括自动完成数据分析报表、自动发送数据分析报告邮件、自动创建数据分析演示报告。

阅读准备

本书提供示例代码供读者参考，所依赖的环境如下：
- 操作系统：Windows 10。
- Excel版本：Excel 2016、Excel 2019。
- Python环境：Python 3.8。
- Python代码开发平台：Anaconda 32020.07。

源代码

本书所有章节的示例素材和相关源代码均托管到gitee码云代码仓库，地址为https://gitee.com/caoln2003/Python_Excel_DataAnalysis_Book。读者可以直接将相关案例素材和代码下载到本地进行测试运行。

特别说明，上述源代码目录中仅提供完整的综合实践案例的相关代码，而数据分析的各步骤拆分部分则希望读者能够参考本书亲自编写代码，熟悉Python编程知识。俗语说"熟能生巧"，更多的练习必然会带来编程能力的提升。

与作者联系

本书由天津科技大学人工智能学院曹鉴华、赵奇及科学出版社王杰琼组成的团队完成，其中曹鉴华负责本书统筹规划设计，同时编写基础篇和进阶篇，赵奇负责编写实践篇。团队成员具有丰富的数据科学研究经验，为本书的完成提供了坚实的技术基础和保障。

本书介绍了一些非常基础的数据分析技术，限于主题、时间、篇幅等因素，对更多的如文本类数据分析、多媒体类(图片/视频/音频)数据分析未做深入探讨。笔者自认才疏学浅，对于数据分析的认识和见解定有不足和疏漏之处。若读者朋友在阅读本书的过程中发现问题，希望能与我们联系，我们将及时修正错误，感激不尽！

邮件地址：caojh@tust.edu.cn

作者微信：cao412308234

致谢

　　本书编写过程中，中国水利水电出版社宋扬老师在选题策划方面做了大量的工作，感谢宋老师及其同事提供的帮助与支持。写书过程中阅读了大量的网络博文及相关资料，在此对诸多作者表示感谢。感谢我的妻子李娜和两位宝贝，永远爱你们！

曹鉴华

2020 年 11 月

目　录

第 10 章　终于得救，带着战利品离开——数据输出 193

数据分析进阶篇

第 11 章　论如何捕到蓝鲸——使用简单工具实现数据分析进阶204

数据分析基础篇

第1章 一个人、一匹马，勇闯数据荒岛
——数据分析基础

数据如今已成为非常有价值的资产，毫不夸张地说，万千比特的数据埋藏有巨额的黄金、无法衡量的石油。来到一个满是数据的荒岛上，单枪匹马已是非常勇敢。但如何从这万千比特的数据里挖掘出黄金和石油？该做哪些准备？

本章将从为什么要进行数据分析、如何进行数据分析等角度介绍勇闯数据荒岛必备的知识技能，即了解数据、了解数据分析。本章思维导图如下：

1.1　为何要做数据分析

作为一名掘金者，当一个人无所畏惧勇闯荒岛时，从进入荒岛开始，所有看到的物体、听到的声音、闻到的气味，甚至感觉到的气氛，都是掘金者所能采集到的数据，而随身陪伴的马则帮助记路和味道，这些信息是在勇闯荒岛时可以依赖的数据。基于对方向、地理位置等信息的理解，掘金者还可以在头脑中勾勒出一幅荒岛地图。

这些数据对于掘金者来说非常重要。如果能重视这些数据，并且将其进行信息过滤和价值提取，就可以转变为自己的认知和经验，使掘金者在荒岛上生存完全不是问题，甚至可以过得非常快乐，最终胜利离开。反过来说，如果不善于利用数据、分析数据，掘金者每天都会过得非常艰辛，也许最后为了生存还会觊觎随行的马匹。

从上述设想的掘金者荒岛求生的故事来看，数据分析是非常重要的。

从语义构成来看，数据分析包括数据、分析两个语义完全独立的词语，数据是关键词，分析是数据价值提取依赖的动作。数据本身就是冷冰冰的数字、安静的图形/图像等，每天都在源源不断地产生。如果不对数据进行分析，数据将永远与垃圾为伍、无人问津；而一旦采用针对性的方法对数据进行研究和分析，数据中就有可能钻出石油、挖出黄金。

在如今的大数据时代，数据成了有价值的资源，数据分析也变得非常重要，它是企业了解业务进展、用户习惯，及提升资源价值的关键手段。从各大招聘网站提供的职位来看，数据分析师也是供不应求的。

1.2　如何做数据分析

1.2.1　数据分析过程

数据分析并不是单纯的一个步骤名称，这里指的是对数据使用的一个全流程，包括数据源采集、数据预处理、数据存储、数据处理与分析、数据可视化和基于业务的数据分析报告，如图1-1所示。

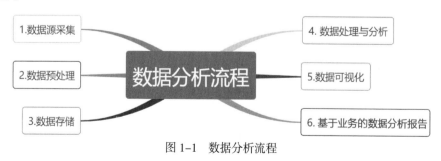

图 1-1　数据分析流程

也可以概括为如下4步：

步骤1：数据采集。数据获取是数据分析的第一步。随着各行各业数字化转型升级，传统的线下数据采集方式越来越少，更多的是采用线上问卷、运营平台埋点采集、数据库抽取及网络爬虫等方法和手段。

步骤2：数据整理和存储。虽然在数据采集的时候细分了门类或领域，但在采集到的数据中通常还会有各种问题出现，如数据格式不对、数据重复值多、数据缺失明显、异常数据等。此时就需要针对这些数据源里的问题进行处理，对数据进行清洗和整理，最终获得可直接使用的干净数据。清洗后的数据或者以文件形式存储，或者采用数据库的方式存储。

步骤3：数据分析和可视化。数据分析是为了对数据进行特征规律总结，从各个业务维度去考虑数据的分布情况和趋势。数据分析结果可以结合一些可视化图表来呈现。例如，采用折线图来分析数据随时间周期的变化趋势、采用饼图来分析数据的占比大小、采用条线图来对比数据数量的差异、采用散点图分析各数据之间的关联程度等。

步骤4：数据报表和总结。数据报表是数据分析结果最终的呈现形式，要求报表显示简单明了、数据直观清晰。报表将会被提交到决策部门或者进行演示验收，展示数据的规律价值。

1.2.2 数据分析层次

著名的咨询公司Gartner于2013年总结、归纳、提炼出一套数据分析的框架，该框架把数据分析分为以下4个层次：

（1）描述性分析（Descriptive Analysis）：发生了什么。该层次主要是对已经发生的事实数据做出准确的描述，这也是许多企业需求最多、最杂的统计工作。例如，某企业本月订单签约额比上月增加了100万元。

（2）诊断性分析（Diagnostic Analysis）：为什么会发生。明确到底发生了什么很有用，但是更重要的是明白为什么发生。到这一层次数据分析就开始脱离打杂层次，成为辅助经营的角色。例如，经过分析发现订单履约率下降的原因是成品生产延迟，无法完成交付。而成品生产延迟的原因则是部分原材料的供应商未能按时送货，导致原材料不齐，无法开始生产。

（3）预测性分析（Predictive Analysis）：可能会发生什么。通过寻找相关特征和运行逻辑规律，借助定量和定性的分析实现预测。这种方式不仅能找到问题发生的原因和解决办法，还能防患于未然，提前调整发展方向，这是辅助经营的一个更高层次。

（4）处方性分析（Prescriptive Analysis）：该做些什么。有了预测性分析的结果后，连未来怎样发展都已做好规划，这已经上升到在战略层面引领业务发展，这是数据分析的最高层次。数据分析将作为领导参与企业决策的依据，成为企业不可或缺的一部分。

1.3 常见数据分析应用场景

目前各个行业都在拥抱互联网，其业务系统平台都会部署到云上，如各类电商平台、银行系统、团购系统、购车系统、房产交易、工业互联网系统及一些社区论坛等。这些行业云上的数据都可以实现自动采集，同时为了提升资源价值率，数据分析也在实时进行着。

（1）电商平台数据分析。电商平台对数据最为敏感，也最重视数据分析。电商的核心是交易和销售，所以如何吸引新客户、留住老客户、挖掘老客户群体中的高净值客户、促进平台商品销售和利润的增长等，都需要依赖精准的数据分析。

（2）银行数据分析。银行有专门的数据分析部门，大多时候其数据分析与银行的风控系统相关。银行需要将钱贷给有能力偿还的客户，同时也会实施许多大额的投资，而判断客户的信用和偿还能力就需要银行根据客户的历史数据和财产状况进行分析判别。

（3）房产交易平台。房子已经成为非常成熟的投资品种，通过二手房交易数据的分析，可以及时了解房价变化的趋势、区域热点的切换及不同人群财富价值的变化。

（4）工业互联网。工业互联网，就是通过通信网络平台，把生产全流程的要素资源包括设备、员工、供应商、产品和客户等紧密地连接起来，实现数字化、网络化、自动化和智能化，达到提升生产效率的目的。可以简单理解为把人、数据和机器都连接起来。数据是其核心的生产要素，对数据的实时分析和监控，可以实现价值的提升和成本的降低。

第2章 一把魔弓、一柄魔刀，武功装备
——数据分析基础工具

勇闯荒岛是非常勇敢的行为，不过兵家从不打无准备之仗。在荒岛掘金的首要任务就是准备好工具，一条短裤、几根木棍还不足以胜任，掘金者仍需更专业的装备。如果把勇闯荒岛任务看作数据分析，那就需要专业的数据分析工具。

受数据类型和数据量规模的影响，数据分析工具选择较多。在数据类型方面，文本数据、数值数据及图像类数据都是常见的类型。在数据量规模方面，有大数据集、小数据集之分，不过这个区分也是概念性的，没有绝对的标准。对于中等、小型规模数据，首选必然是微软出品的王牌表格数据分析王者Excel。近些年热门的Python由于可实现自动化编程和多种类型数据的分析，已经成为Excel的强有力竞争对手，而且在自动化批处理、多类型数据处理等方面胜出Excel。

本章将介绍Excel和Python两种数据基础分析工具，思维导图如下：

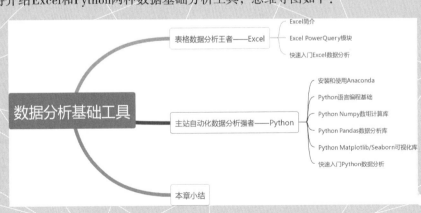

2.1 表格数据分析王者——Excel

2.1.1 Excel简介

Excel一般指Microsoft Office Excel。Microsoft Excel是美国微软公司为使用Windows和Apple Macintosh操作系统的电脑编写的一款电子表格软件。直观的界面、出色的计算功能和图表工具，再加上成功的市场营销，使Excel成为最流行的个人计算机数据处理软件。同时该软件的版本还在不断升级，随着时代的变化和数据处理需求增加了许多功能和模块，目前本地使用版本最新为2019。如果想接入云端，则可以使用微软提供的Office 365。

如图2-1所示为通过Excel实现的2019年A店连衣裙销售数据分析图表，成果简洁直观。

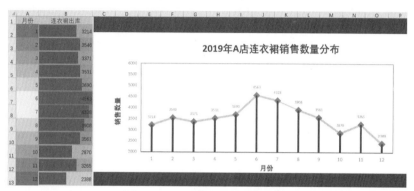

图 2-1 Excel 数据分析图表呈现

Excel在电子表格数据处理方面本来就功能强大，而在Excel 2016、Excel 2019版本中还集成了专门用于数据分析的Power Query、Power Pivot和Power View模块。其中，Power Query模块用于发现、连接、合并和优化数据源；Power Pivot模块则可以完成数据集的数据建模任务，包括创建数据模型、建立关系、创建计算；Power View模块是一种数据可视化技术，用于创建交互式图表、图形、地图和其他视觉效果，以便直观地呈现数据。目前Excel 2019版本中无法直接加载Power View模块。微软公司在上述的三个Power模块架构基础上又推出了Power BI软件。

基于本书的主题和篇幅，下面重点介绍Excel本身及Power Query模块在数据分析方面的应用。若读者对Power Pivot、Power View或Power BI模块感兴趣，可以参考微软官方网站中的相关资源和文档。

2.1.2 Excel Power Query 模块

Power Query模块问世于Excel 2013中，并在Excel 2016和Excel 2019中集成到软件的数据面板窗口中。

Power Query模块的主要功能是用于获取数据源，然后基于需求完成数据类型、格式的转换等数据整理任务。调整数据之后，可以共享发现或使用查询创建报表。

如图2-2所示为Power Query模块在数据处理方面的基本步骤。

步骤1：连接——建立与云、服务或本地的数据之间的连接。

步骤2：转换——调整数据以满足需求，原始源数据保持不变。

步骤3：组合——基于多个数据源创建数据模型，获得数据的独特见解。

步骤4：共享——查询完成后，可以保存、共享查看或将其用于报表。

图 2-2　Power Query 模块数据处理步骤

Power Query模块会记录每个执行的步骤，并允许用户按所需方式修改这些步骤。它还允许撤销、恢复、更改顺序或修改任何步骤，这样就可以按所需方式将视图转到连接的数据中。

需要说明的是，由于目前尚在使用的Excel版本较多，虽然在不同版本的Excel中Power Query模块的启用方式有所差别，但其基本功能和使用方式都是相似的（图2-3和图2-4所示分别为Excel 2016和Excel 2019版本中的Power Query窗口功能）。本书选择Excel 2019来讲解相关数据分析应用，这里建议读者升级使用的Excel版本。

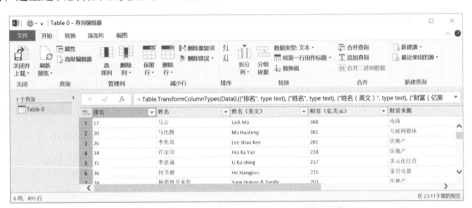

图 2-3　Excel 2016 版本 Power Query 编辑器窗口

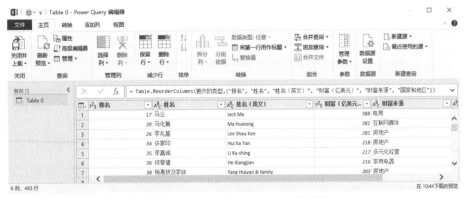

图 2-4　Excel 2019 版本 Power Query 编辑器窗口

2.1.3　快速入门 Excel 数据分析

可以通过Power Query搜索各类数据源、创建连接，然后按照可满足需求的方式调整数据（如删除列、更改数据类型或合并表格），上载到Excel工作表后就可以开展数据分析了。

下面基于一个案例快速入门Excel数据分析。

【案例2-1】基于Excel的新浪网股票个股龙虎榜数据分析。

本案例选择新浪财经提供的股票龙虎榜数据进行分析，数据页面如图2-5所示。这里只关注近5天的个股上榜第一页的数据，通过这个案例来快速了解Power Query的基本用法。

图2-5　新浪财经股票个股龙虎榜统计网页

步骤1：从网站获取数据。这一步将从图2-5所示的网页中获得表格数据，网址为http://vip.stock.finance.sina.com.cn/q/go.php/vLHBData/kind/ggtj/index.phtml。

基于Power Query提供的查询功能，选择【数据】面板中【获取和转换数据】栏的【自网站】菜单，在弹出的【从Web】窗口中输入龙虎榜统计的网页地址，如图2-6所示。也可以从浏览器的地址栏上将网页地址直接复制过来，然后单击【确定】按钮。

图2-6　输入网络数据源地址

此时Power Query就开始从网页上获取数据了，在弹出的【导航器】窗口中显示获取的表格数据，如图2-7所示。

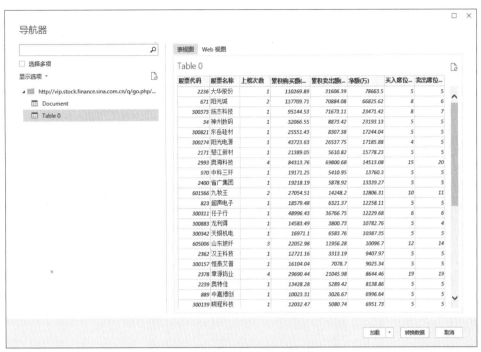

图 2-7　获取网页上的表格数据

在图 2-7 所示的【导航器】窗口单击【转换数据】按钮，打开【Power Query 编辑器】窗口，如图 2-8 所示。

图 2-8　网络数据源 Power Query 的编辑器窗口

步骤 2：对数据进行预处理。获取的数据一共有 40 行，可以看到在表格数据的表头默认识别了各列数据的类型。但观察数据后发现存在一些数据类型方面的问题，因此需要进行预处理。

预处理示例 1：将"股票代码"列数据转换为文本型。

很显然，在加载网络数据的时候第一列股票代码默认为整数型。而深市股票不少代码是000开头的，如果默认为整数，就会将开头000三位去除不显示。例如，图2-8中的第2只股票阳光城，在表中显示股票代码为671，这就是错误的数据类型导致的。此时只需要单击这一列，在【转换】栏中将【数据类型:整数】单击切换为文本类型即可修改。或者进入上部【转换】面板窗口，然后选中第一列，将数据类型切换为文本类型，股票代码列000开头的股票就恢复正常显示了，如图2-9所示。

图2-9　数据类型转换示例

预处理示例2：按上榜次数降序排列。

仔细观察个股龙虎榜统计数据，这是以"净额（万）"列为依据进行排列的，净额越大，排名越靠前。不过有股票交易经验的读者就会了解，上榜次数越多，说明该股票越活跃，受到的关注度越高。下面就对源数据按上榜次数进行降序排列，上榜次数越多的，排名越靠前。

操作的时候，在上榜次数列单击表头【上榜次数】右侧的倒三角图标，在打开的菜单中选择【降序排序】命令，就可以完成整个表格的重排序，如图2-10所示。

图2-10　数据排序转换示例

11

上述每个应用步骤都被记录在Power Query的查询设置中（见图2-11右下区域），如果觉得哪一步需要调整或者恢复之前的应用步骤，直接选择那一步即可。当单击具体步骤时，左侧表格窗口就会恢复当时的状态，也可以将其删除。不过后续步骤如果依赖于这个应用步骤，删除操作还是需要谨慎一些。

图 2-11 历史应用步骤操作示例

步骤3：上载转换后的数据到Excel工作表。单击Power Query编辑器【主页】面板的【关闭并上载】菜单，将经过转换后的数据上载到Excel工作表中，显示内容如图2-12所示。

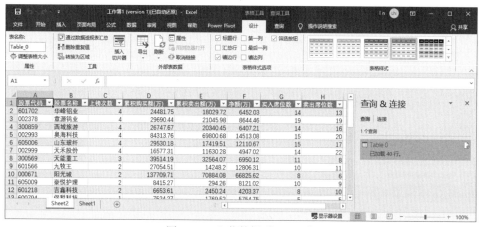

图 2-12 上载数据到 Excel 表

步骤4：完成数据透视分析报表。这里以"上榜次数"为依据对龙虎榜数据进行数据透视分析。选择图2-12中的表格区域，直接单击【通过数据透视表汇总】菜单。在数据透视表字段中选择上榜次数为行标签，对股票名称、净额（万）、累积购买额（万）、累积卖出额（万）等几列数值来实现汇总统计。

最终获得的分析报表如图2-13所示。

上榜次数	计数项:股票名称	求和项:净额(万)	求和项:累积购买额(万)	求和项:累积卖出额(万)
1	29	348133.94	656508.37	308374.43
2	4	91956.32	179833.1	87876.78
3	1	6950.12	39514.19	32564.07
4	6	53074.47	211341.11	158266.62
总计	40	500114.85	1087196.77	587081.9

图 2-13 新浪财经近 5 天个股龙虎榜数据分析报表

从报表中可以看出，4次上榜的股票共有6只，3次上榜的股票只有1只，2次上榜的股票共4只，更多的都只有1次上榜。而如果想了解到底有哪些股票的榜单次数，只需要将股票代码添加到行标签即可。

步骤5：绘制个股龙虎榜前10名条形图。在获取到的龙虎榜数据以净额（万）列重新降序排列，然后选择股票名称列和净额（万）列绘制条形图。数据列和图形显示效果如图2-14所示。

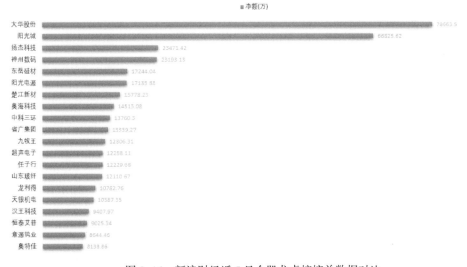

图 2-14 新浪财经近 5 日个股龙虎榜榜单数据对比

2.2 主战自动化数据分析强者——Python

掘金者虽然身藏魔弓，但遇见猎物总得有力量拉出满弓方能克之。每当遭遇困境时，也能绝境逢生。若能增添一柄魔刀，不仅能一次掠倒无数劲敌，而且能自动刺出，御敌于百丈之外，使掘金者荒野求生如旅游一般，尽享无数欢乐。若将数据分析当作荒岛求生，Python就是那柄魔刀。

Python易学好用，在各个研究行业和应用领域里几乎都能见到Python的身影，如AI应用、量化交易、游戏开发、自动化运维、云计算等。而在科学运算、数据分析领域，Python也是非常强悍，Python几乎可以覆盖Excel数据分析全部业务领域，并且由于其可编程特性，Python还能胜任大数据分析、批量数据分析及自动化报表的呈现任务，在数据分析的效率方面具有明显优势。

对比Excel界面人性化菜单操作，学习Python的难度明显会增大一些，主要原因在于需要编写程序代码。实际上读者并不用过分担心，因为Python实在是太好学了，在特定环境下不断应用，达到熟能生巧的效果，如果能加上一些数据分析的理论基础知识和Excel数据分析经验，读者很快就会成为一名高效率的Python数据分析师。

下面介绍Python基本操作知识及在数据分析领域依赖的一些第三方库。

2.2.1 安装和使用 Anaconda

Anaconda是一个专门用于数据科学运算的Python发行版软件工具，其中集成了Python数据科学主流的第三方库。也就是说，安装Anaconda后，可以直接进行Python代码开发。

1. 安装 Windows 版本的 Anaconda 到本地计算机

安装Python的方法很多，其中，利用Anaconda来安装，是非常方便和快捷的方法之一。下面介绍一下Anaconda的下载与安装。

在网页浏览器输入Anaconda的官网地址www.anaconda.com，进入其子菜单products的Individual Edition页面，选择与自己操作系统匹配的版本下载。为了方便与Excel对比，本书始终采用Windows操作系统环境，因此这里选择下载Windows 64位版本，如图2–15所示。

图 2–15 下载 Windows 版本的 Anaconda

在下载的过程中，读者会发现网速相当慢，466MB的安装包需要消耗好几个小时才能完全下载下来。这种情况下，建议选择国内一些镜像站点来下载，速度会得到极大提高。

例如，使用清华大学开源软件镜像站，在浏览器地址栏输入https://mirrors.tuna.tsinghua.edu.cn/anaconda/archive/，在Anaconda的软件版本列表中选择最新版本下载。截至本书出版时，最新版本为Anaconda3–2020.07–Windows–x86_64.exe。

当下载完成后，直接双击安装包Anaconda3–2020.07–Windows–x86_64.exe，就可以进入安装流程，如图2–16所示。

单击Next按钮，打开同意协议与条款界面，如图2–17所示。

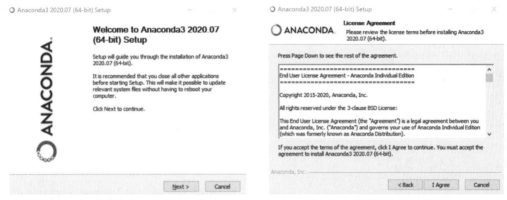

图 2–16　进入 Anaconda 安装流程　　　　图 2–17　同意协议与条款界面

单击I Agree按钮，弹出选择安装类型对话框，选中默认设置Just Me单选按钮即可，如图2–18所示。

在选择安装位置对话框中，默认安装路径为C盘。考虑到所需磁盘空间大小和管理的方便，建议将安装路径修改为其他磁盘位置，如图2–19所示，修改安装路径为D盘。

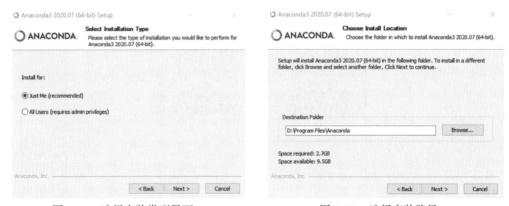

图 2–18　选择安装类型界面　　　　　　　图 2–19　选择安装路径

在设置高级选项对话框中，同时勾选两个复选框，如图2–20所示。第一个复选框是将Anaconda的路径自动添加到系统的PATH环境变量中，这个非常重要，会在使用命令行工具时直接启动Python或者使用conda命令。第二个复选框为将Anaconda3选择为默认的Python编译器。

完成上述选择，单击Install按钮就开始了Anaconda的正式安装，当进度条达到100%时，软件安装就结束了。单击Next按钮后，直达如图2-21所示的界面。一旦出现该界面，表示Anaconda已经成功安装到计算机中。

图 2-20　高级安装选项界面　　　　　图 2-21　成功安装 Anaconda

2. Anaconda 主要模块

Anaconda是一个Python发行版，同时也是一个数据科学集成开发平台。从Windows桌面程序入口找到新安装的Anaconda3（64-bit）目录，如图2-22所示。

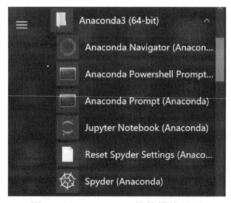

图 2-22　Anaconda3 软件模块目录

单击选择Anaconda Navigator，进入Anaconda Navigator模块导航窗口，如图2-23所示。在这个安装的版本中共提供了9个模块，其中前6个（CMD.exe Prompt、JupyterLab、Jupyter Notebook、Powershell Prompt、Qt Console、Spyder）在Anaconda安装过程中便完成了安装，可以直接单击模块图标下部的Launch启动按钮打开该模块。其余3个模块（Glueviz、Orange 3 和 RStudio）则需安装后才能使用。

图 2-23　Anaconda 模块导航窗口

该窗口中显示的9个模块的简述见表2-1。

表 2-1　Anaconda 提供的主要模块名称及功能简介

模块名称	主要功能	备注
CMD.exe Prompt	使用命令终端窗口 CMD	在当前 conda 环境下
Powershell Prompt	进入 Powershell 终端窗口	在当前 conda 环境下
Qt Console	Jupyter QT 界面命令行控制台	IPython 升级版本
JupyterLab	基于 Jupyter Notebook 的交互计算环境	Jupyter 模块控制台
Jupyter Notebook	网页形式、交互计算标记编程环境	笔记型 Python 开发工具
Spyder	Python 代码开发环境	代码编写环境
Glueviz	数据可视化工具	需要单独安装
Orange 3	数据挖掘及可视化分析工具	需要单独安装
RStudio	R 语言开发环境	需要单独安装

表2-1所示的模块中Jupyter Notebook、Spyder属于最常用的两个Python开发工具，其中Jupyter Notebook提供网页交互开发环境、笔记型代码单元，广受开发者喜爱。Spyder属于综合性Python开发环境，可实现代码编写、编译、调试，其功能远比Python自带的IDLE强大。

3. Jupyter Notebook 开发环境

可以直接从图2-22所示的文件目录中单击Jupyter Notebook，或者从Anaconda Navigator模块导航窗口中单击Jupyter Notebook模块下方Launch启动按钮进入Jupyter Notebook。

这里选择第二种方式，从Anaconda模块导航集合中启动Jupyter Notebook。启动过程中Jupyter会自动搭建一个本地服务器，默认的站点根目录在当前系统用户目录（如C:\Users\Administrator）下。

启动后会打开一个网页，地址栏显示地址为http://localhost:8889/tree。其中，localhost标识本地机器，8889为端口号（用户首次启动时端口号为8888，若同时启动多个Jupyter Notebook，每多启动一个，端口号数字就加1，如8889、8890等）。

启动页面的显示如图2-24所示。

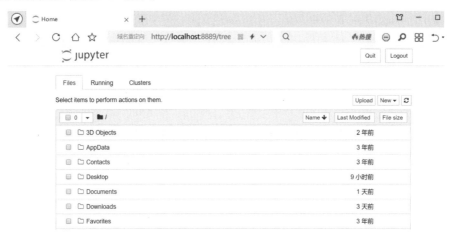

图 2-24　Jupyter Notebook 启动页面

页面的Files选项卡中显示当前站点根目录下的所有文件目录和文件。单击Running选项卡，将显示当前正在运行的任务。

一般情况下，针对某一个任务进行Python开发时，需要新创建一个文件。下面演示一下如何使用Jupyter Notebook编写第一个Python入门程序。

【案例2-2】使用Jupyter Notebook开发第一个Python程序。

在图2-24中Files选项卡的右侧New按钮右边倒三角图标上单击，从下拉菜单中选择类型为Python 3的Notebook，新创建一个Notebook页面，如图2-25所示。

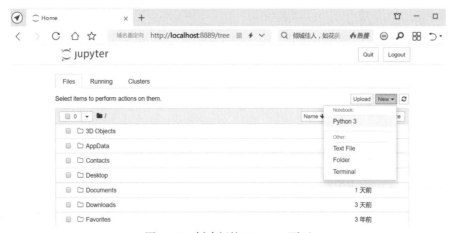

图 2-25　创建新的 Notebook 页面

此时会在浏览器上新弹出一个页面，默认命名为Untitled。该页面地址为http://localhost:8889/notebooks/Untitled.ipynb?kernel_name=Python3。显示该Notebook文件的后缀为ipynb，整个窗口的显示效果如图2-26所示。

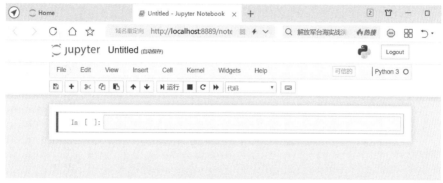

图 2-26 新建 Untitled Notebook 文件页面

文件页面中的菜单和图标都通俗易懂，下方的灰色背景区就是代码块编写区域。

Notebook代码区是以表单cell方式组织的。在表单cell内，包括标签和文本输入框两部分，其中标签用于显示当前表单中的代码行所在的序号，文本输入框内可以输入Python代码、Markdown标记或注释等内容。

在第一个表单cell输入框里输入第一行Python代码，如图2-27所示。

```
print("hello")
```

图 2-27 第一行 hello 代码开发

单击工具栏中的【运行】按钮，在单元格输入框下方就会显示该行代码的执行结果。如果显示结果为hello文本字样，表示已经成功完成第一个Python程序代码的开发。

到目前为止，第一个Notebook文件依然是Untitled未命名状态。有了第一行Python代码和执行结果，现在可以单击网页上部的File菜单，选择其中的Save As（见图2-28），在弹出的窗口中输入hello，然后单击Save按钮保存，当前Notebook文件名就保存成hello.ipynb，如图2-29所示。

细心的读者可以发现，当运行完第一个表单输入框的Python代码后，执行结果显示在表单下部，同时还自动创建了第二个表单输入框。

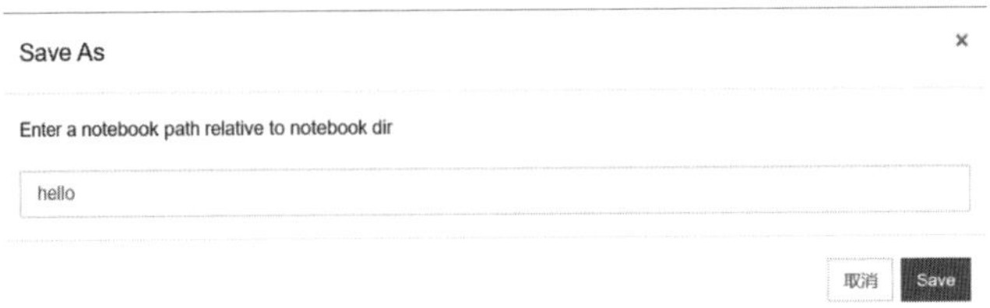

Save As ✕

Enter a notebook path relative to notebook dir

hello

取消 Save

图 2-28　Notebook 文件保存操作

图 2-29　保存为 hello.ipynb 文件

可以在第二个表单输入框中继续输入Python代码：

```
print("人生苦短，我学 Python！")
```

然后单击【运行】按钮，此时在输入框下方就会显示执行结果，如图2-30所示。

图 2-30　增加表单单元 cell 代码

接下来进入第三个表单输入框，在图标菜单右侧的【代码】下拉框选择Markdown标记，然后在输入框里输入文本后运行。结果如图2-31所示。

图 2-31　增加 Markdown 笔记内容

从图2-31中可以看到，这样一个一个的表单代码和执行结果就如同在记录开发笔记一样，而且这些表单代码块可以独立执行、查看运行结果，非常合适Python开发者阅读程序、调试程序。尤其是在进行多步骤的Python程序开发时，可以对每一步的代码进行监测、调试。整个Notebook文件就是一个Python程序开发笔记，这也是以Notebook命名的意义所在。

4. Spyder 开发环境

Spyder是一个综合性的Python开发环境，风格与Python软件自带的IDLE类似，但功能要比IDLE强大得多。

可以直接从图2-22所示的文件目录中单击Spyder，或者从Anaconda Navigator导航窗口中单击Spyder模块下方的Launch启动按钮进入Spyder开发环境窗口，如图2-32所示。

图 2-32　Spyder 综合开发环境窗口

图2-32左侧浅黑色背景窗口为Python代码编写区，右侧下部为代码运行终端。在左侧输入Python代码，运行代码时其结果将显示到右侧下部的终端区域。下面演示一下如何使用Spyder开发第一个Python程序。

【案例2-3】使用Spyder开发第一个Python程序。

进入Spyder后，默认会创建一个文件名为"未命名0.py"的Python文件（见图2-32）。在左侧代码编写区，数字标记为程序行数指示，可以看到当前文件前6行都已经有了内容。其中使用了"#"和三组双引号，这些标记都用于对内容进行注释说明，而不是真正的Python代码。例如，三组双引号中显示了当前文件创建的时间和作者信息。

从第7行开始输入一行代码：

```
print("hello")
```

然后，在菜单栏选择【运行文件】按钮执行当前程序，运行结果就会显示到右侧下部的控制台，如图2-33所示。

图 2-33　用 Spyder 开发第一个 hello 程序

此时可以将未命名文件命名，在【文件】菜单中选择【另存为】命令，然后将文件命名为 hello.py，保存即可。

继续在代码中输入第二行Python代码：

```
print(" 人生苦短，我学 Python！")
```

然后在代码区右击选择【运行单元格】命令，执行结果显示到右侧下部的终端窗口，如图2-34所示。

图 2-34　多行 Python 代码文件及执行结果

如果读者在执行代码后右侧出现如图2-34所示的输出结果，表示已经成功使用Spyder模块完成了Python的程序开发。

与Jupyter Notebook执行方式一样，如果程序代码行数较多时，在Spyder中也可以将某几行代码选中后作为单元格运行，逐步测试来获得最终运行结果。

本书在进行数据分析相关代码开发时，将选用Spyder和Jupyter Notebook开发环境。有关两个开发环境的更多详细操作和使用技巧将在实际案例开发时介绍。

2.2.2　Python 语言编程基础

在选定Python程序开发工具后，就可以进行Python程序的编写了。接下来对Python语言编程基础进行介绍。如果读者对Python已经较为熟悉，可以跳过本小节进入下一节的学习。

1. 基础语法

※ 变量

变量是值可以改变的量，可以理解为一个容器。这个容器里存放的内容是可以发生改变的。Python在变量类型定义方面没有强制性要求，对新手尤其方便。

打开Spyder软件，在其右侧的控制台窗口命令行输入如下代码：

```
In [1]: a=5
In [2]: print(a+6)
11
```

代码中"a=5"语句可以对等认为数学上的a等于5，不过用程序语言解释就是给变量a赋值为5，或者把5赋给变量a。所以使用print方法打印a+6的值时输出为11。

可以看出，对于变量a并不需要专门定义类型，系统会根据变量的值来自动判断其类型。

※ 标识符

标识符用于标识某个符号或东西的名字，可以理解为命名方式。在Python中用来命名变量、函数、类、数组、字典、文件、对象等多种元素。

标识符命名有一定规则，包括：

- 只能由字母、数字和下划线组成，而且必须以字母或下划线开头；
- 不能使用Python的关键字；
- 长度不能超过255个字符。

Python中的关键字如下所示：

and	as	assert	break	class	continue	def	del	elif
else	except	finally	for	from	False	None	True	global
if	import	in	is	lambda	nonlocal	not	or	pass
raise	return	try	while	with	yield			

可以测试一下如果使用关键词来命名变量，会有什么效果。

```
In [ 3]: if=10
  File "<stdin>", line 1
    if=10
      ^
SyntaxError: invalid syntax
```

代码中使用if关键字为变量，并赋值为10，执行时就发生报错，提示语法错误。

※ 数据类型

数据主要包括整型、浮点型、字符串、布尔型等。

整型就是整数类型，浮点型为带小数点的数，这两者主要用于数值型数据的处理和分析。在Python中可以使用type方法来查看变量类型。例如：

```
In [4]: a=5
In [5]: type(a)
Out[5]: int
```

```
In [6]: b=2.5
In [7]: type(b)
Out[7]: float
```

字符串由单个或多个字符构成，布尔型则用于判别真或假，当判别为真时标识为True，反之则为False。

```
In [8]: words="i like Python"
In [9]: type(words)
Out[9]: str
In [10]: a>0
Out[11]: True
In [12]: a<0
Out[12]: False
```

※ 输入与输出

这里的输入指的是接收键盘的输入。在Python中可以直接使用input方法实现键盘的输入，同时会使用一个变量来存储键盘的输入。输出则是使用print方法，在之前的代码案例中已经实践过。

```
In [12]: name=input(" 请输入姓名: ")
请输入姓名: caojianhua
In [13]: print(name)
Out [13]: caojianhua
```

在用print函数实现输出时，可以增加一些格式设置使得输出符合需求。

格式设置主要使用字符串的format方法，样例为：

```
In [14]: x=4.56789
In [15] :print(" 保留两位小数后为 :{:.2f}".format(x))
Out [15] : 保留两位小数后为 :4.57
```

代码中使用 "{}" 作为一个占位符，输出的时候将format函数括号中的内容填充到占位符中。整型和字符串都可以保留原样输出，而浮点型有时候需要考虑小数位数，因此在占位符 "{}" 中进行设置。代码 "{:.2f}" 中的 ":.2f" 表示小数点后四舍五入后保留两位小数输出。

多个变量需要输出时就需要多个占位符 "{}"，代码如下：

```
In [16]: name="caojianhua"
In [17]: age=42
In [18]:sex="male"
In [19]: print(" 个人信息为 : 姓名 :{}, 年龄 :{}, 性别 :{}".format(name,age,sex))
Out [19]: 个人信息为 : 姓名 :caojianhua, 年龄 :42, 性别 :male
```

※ 代码缩进与注释

在Python开发多行代码时，采用缩进的管理方式来组织代码块，也就是同一个代码块具有相同的行缩进。

为了使得代码具有可阅读性，通常还会在代码中加入注释部分。注释的功能就是用于解释代码行的用意和相关用法，但不参与实际的代码解释和编译。在Python中在行首使用"#"符号表示该代码行为注释行，一般是哪行语句或者哪个代码块需要注释，就在语句上一行或代码块开始加以注释。

在增加了注释语句后，整个程序就很容易理解。在许多程序文件中，注释往往比执行代码语句还多，就是为了让程序变得可阅读，也有利于后续维护和修改。这是一种非常科学的编程习惯。

例如，定义一个函数，语句如下：

```
# 先定义一个 Python 函数，命名为 hello
def hello():
    print(" 代码缩进与排版: ")
    print("welcome to learn Python!")
```

可以观察到hello函数中第一行以"#"开头，就是对程序的注释，而在hello函数中包括两行代码，当使用相同的缩进时，表示两行代码同属于这个函数的代码块。

2. 数据结构基础

在Python语言中，数据集合容器包括字符串、列表、元组和字典等。

※ 字符串

字符串是一类特殊的字符集合，由单个或者多个字符组合而成，其长度可以由Python的len方法获取。

扫一扫，看视频讲解

```
In [20]: password="123abc4-789"
In [21]: len(password)
Out[21]: 11
```

在字符串里，通常使用索引来标识字符所在的位置。索引值为0时表示第一个字符；索引值为-1时表示最后一个字符。例如，对上述的password字符串提取相应字符：

```
In [22]: password[0]
Out[22]: '1'


In [23]: password[-1]
Out[23]: '9'


In [24]: password[2]
Out[24]: '3'
```

有了索引值，可以使用起始索引值和终止索引值来获取字符串中的子字符串，也就是字符串切片显示。

```
In [25]: password[1:4]
Out[25]: '23a'
In [26]: password[-2]
Out[26]: '123abc4-7'
```

25

※ 列表

列表是一种有序的数据集合，其元素可以是数字、字符串，甚至可以包含子列表。列表定义的时候使用方括号"[]"，元素放在方括号之间，以逗号分隔开。

```
In [27]: students=['peter','joy','tom','ali']
In [27]: type(students)
Out[27]: list
In [28]: nums=[5,15,25,35]
In [29]: type(nums)
Out[29]: list
```

列表中元素的个数统计可以使用Python的len方法来获取，同时与字符串一样，对于列表中元素的定位采用索引方式，索引值为0时标识列表中的第一个元素，当列表中元素过多时可以采用负索引值来快速定位倒数的元素。例如，索引值为–1时标识列表中最后一个元素。

```
In [30]: nums[0]
Out[30]: 5
In [31]: nums[-1]
Out[31]: 35
In [32]: nums[1]+nums[3]
Out[32]: 50
```

如果想追加元素到列表，可以使用列表对象的append方法：

```
In [33]: nums.append(50)

In [34]: nums
Out[34]: [5, 15, 25, 35, 50]
```

如果要删除列表中的元素，可以使用列表对象的pop或remove方法，其中pop是根据元素所在的索引值进行删除，remove则直接删除元素。

```
In [35]: nums.pop(0)
Out[35]: 5

In [36]: nums
Out[36]: [15, 25, 35, 50]

In [37]: nums.remove(25)

In [38]: nums
Out[38]: [15, 35, 50]
```

※ 元组

与列表（list）一样，元组也属于一类数据集合。元组定义的时候使用小括号"（ ）"，数据放在小括号之间，以逗号分隔开。它的特点是：定义结构后不可改变，包括大小和值都无法更改。其用法或者对元素的管理大部分与列表相似，但不拥有更改（追加、删除、修改）等操作。

```
In [39]: books=("Python","c 语言设计 ","Java 程序设计 ")
In [40]: type(books)
Out[40]: tuple
In [41]: books[0]
Out[41]: 'Python'
In [42]: books[-1]
Out[42]: 'Java 程序设计 '
```

※ 字典

字典是Python中一种较为特殊的数据结构，其特征如同真正的字典一样，一个字后面为字的含义，从结构上表现为"字：字的含义"。Python中的字典也是典型的键值对结构，定义的时候使用大括号"{}"，键值对放在括号中间。键值对由键名和值构成，中间使用冒号分隔，典型格式为{key1:value1,key2:value2...}。通常字典中可以包含多个键值对，每个键值对可以看成字典中的一个元素，以逗号分隔。

```
In [43]: students_info={}
In [44]: students_info['id']=1
In [45]: students_info['name']='topher'
In [46]: students_info['age']=7
In [47]: students_info
Out[47]: {'id': 1, 'name': 'topher', 'age': 7}
In [48]: type(students_info)
Out[48]: dict
```

与字符串、列表、元组等不同，字典的索引以键名来定义，因此在获取字典元素的时候，需要使用键名key。

```
In [49]: students_info['name']
Out[49]: 'topher'
```

如果想查看所有的键，就调用字典对象的keys()方法；如果想查看所有的值，就调用字典对象的values()方法。

```
In [50]: students_info.keys()
Out[50]: dict_keys(['id', 'name', 'age'])
In [51]: students_info.values()
Out[51]: dict_values([1, 'topher', 7])
```

对于字典元素的更新，如果知道了键名，可以以键名为索引重新赋值完成值的更新，也可以使用字典对象的update()方法更新。

```
In [52]: students_info['name']='tommy'
In [53]: students_info
Out[53]: {'id': 1, 'name': 'tommy', 'age': 7}
In [54]: students_info.update({'age':6})
In [55]: students_info
Out[55]: {'id': 1, 'name': 'tommy', 'age': 6}
```

3. 基本运算符

基本运算符主要包括三类：算术运算符、比较运算符和逻辑运算符。

※ 算术运算符

算术运算就是常见的加、减、乘、除等运算，在 Python 中除了这 4 种运算外，还包括整数相除求余数、幂次运算等，见表 2-2。

表 2-2　算术运算符及示例

算术运算符	基本含义	示　　例
+	加法运算，两个数相加求和	1+2=3
–	减法运算，两个数相减求差	1–2=–1
*	乘法运算，两个数相乘求积	1*2=2
/	除法运算，两个数相除求商	1/2=0.5
**	幂次运算，求数的多少次方	2**3=8
%	求余数，计算两个整数相除的余数部分	2%3=2，要求为两个整数运算
//	求整除数，计算两个整数相除时的整数值	2//3=0，要求为两个整数运算

※ 比较运算符

比较运算符主要用于做比较，结果为大于、小于、等于。比较的结果使用真或假来界定，如果为真，返回值为 True，如果为假，返回值为 False。比较运算符常与 if 关键字一起使用，对条件进行判断，见表 2-3。

表 2-3　比较运算符及示例

比较运算符	基本含义	示例及结果说明
>	大于，符号左侧值大于右侧值	2>1，结果为 True
<	小于，符号左侧值小于右侧值	2<1，结果为 False
==	等于，符号左侧值与右侧值相等	1==2，结果为 False
!=	不等于，符号左侧值与右侧值不相等	1!=2，结果为 True
>=	大于等于，符号左侧值大于等于右侧值	3>=2，结果为 True
<=	小于等于，符号左侧值小于等于右侧值	3<=2，结果为 False

※ 逻辑运算符

逻辑运算符包括与、或、非。当多个条件同时判断时，常用逻辑与、逻辑或表示，见表 2-4。

表 2-4　逻辑运算符及示例

逻辑运算符	基本含义	示例及结果说明
and	逻辑与	a and b，a 和 b 同时为真，结果才为真
or	逻辑或	a or b，a 和 b 其中一个为真，结果都为真
not	逻辑非	not a，如果 a 为真，结果为假，否则为真

4. 程序流程控制

编写程序的最终目的是用于解决实际问题，而对于一个问题而言，通常需要分步骤、看条件来制定解决方案。程序就是将这些方案数字化、程序化、自动化，在编写程序时最基本的流程控制方式包括顺序流程、选择流程和循环流程。

由于程序代码行数较多，接下来选择使用Anaconda中的Spyder软件来完成Python程序的开发。

※ 顺序流程

顺序流程就是按照解决问题的先后顺序来组织程序代码，执行的时候也是按照顺序执行，这是最基本的流程控制。

【**案例2-4**】使用Spyder编写程序求解平均速度。

案例问题：假定小明从家到学校的距离为d米，如果小明步行到学校共需要m分钟，请问小明步行的平均速度为多少？

扫一扫，看视频讲解

很显然，这个问题非常简单，直接使用d除以m就得到结果。不过从一个程序角度来看，还需要知道d和m具体值是多少，同时最终计算出来的结果数值是多少。下面通过程序代码来说明解决过程。

```
# -*- coding: utf-8 -*-
"""
Created on Thu Sep 24 21:08:19 2020

@author: peter.cao
"""
# 步骤1：从键盘输入距离d和时间m的值
d=eval(input("请输入距离d的值: "))
m=eval(input("请输入时间m的值: "))


# 步骤2：计算平均速度v
v = d/m


# 步骤3：将计算结果输出
print("小明步行的平均速度为：",v)
```

将上述代码保存为Chapter2-1.py文件。在Spyder中运行程序，在控制台终端里完成参数的输入和计算结果的输出。

```
In [1]: runcell(0, 'C:/Users/Administrator/Chapter2-1.py')
请输入距离d的值: 600
请输入时间m的值: 10
小明步行的平均速度为： 60.0
```

※ If选择流程

条件流程是在顺序流程的基础上，对其中的某一步加入条件判断，当条件满足时才继续执行程序，或者给出另外一种执行步骤。

在Python中使用if语句作为条件判断，如果只存在一个条件时，其主要结构如下：

```
if 条件为真:
    执行语句1
else:
    执行语句2
```

如果存在多组条件，则使用elif语句。

```
if 条件1为真:
    执行语句1
elif 条件2为真:
    执行语句2
else:
    执行语句3
```

例如，将上述的场景修改一下，如果今天阴天，就可以去爬山；如果有大太阳，那就去商场购物；否则就在家待着。依据上述多组条件判断的结构，表示如下：

```
if 今天阴天:
    决定去爬山
elif 今天有大太阳:
    决定去商场
else:
    在家待着
```

【案例2-5】使用Spyder编写程序设定条件求解平均速度。

扫一扫，看视频讲解

这里继续分析【案例2-4】的计算平均速度。在实际执行过程中，如果输入的值为负数时，程序会照常进行并得到计算结果。从数值意义角度来看，这几个参数（距离、时间和速度）都不能为负数，而且时间还不能为零值。为了避免类似情况发生，可以在程序中加入条件判断语句，如果输入值为负数或零时，提示输入错误。案例代码如下：

```
# -*- coding: utf-8 -*-
"""
Created on Thu Sep 24 21:08:19 2020

@author: peter.cao
"""
# 步骤1：从键盘输入距离 d 和时间 m 的值

d=eval(input("请输入距离 d 的值："))
m=eval(input("请输入时间 m 的值："))
# 步骤2：加入输入值判断，当输入值小于 0 或等于 0 时提示错误
if d<0 or m<=0:
    print("输入值不能为负或零")
else:
```

```
# 在输入合理的情况下，计算平均速度 v
v = d/m
# 将计算结果输出
print(" 小明步行的平均速度为: ",v)
```

将上述代码保存为Chapter2-2.py文件，并使用Spyder软件执行程序，此时控制台终端测试效果如下：

```
In [1]: runcell(0, 'C:/Users/Administrator/Chapter2-2.py')
请输入距离 d 的值: 600
请输入时间 m 的值 : 0
输入值不能为负或零

In [2]: runcell(0, 'C:/Users/Administrator/Chapter2-2.py')
请输入距离 d 的值: -10
请输入时间 m 的值 : 10
输入值不能为负或零

In [3]: runcell(0, 'C:/Users/Administrator/Chapter2-2.py')
请输入距离 d 的值: 600
请输入时间 m 的值 : 10
小明步行的平均速度为:  60.0
```

※ 循环流程

循环流程就是某一个步骤重复运行，"日复一日、年复一年"就是这类循环案例的典型表现。不过有些循环可以人为控制，例如可以人为设定电风扇转动的结束时间；有些循环是死循环或无法终止的循环，如地球的转动、人类的生死等。

在Python语言中，循环语句主要包括while语句和for语句。

while语句用于循环执行程序。当条件满足时，一直执行某程序；当条件不满足时，就结束循环。

while语句结构可以表示为：

```
While 条件成立:
    执行语句
```

for语句常用于对序列进行遍历，这里的序列包括列表、字符串、元组、字典等。通过for循环获取序列中每一个元素，然后对元素进行相关操作。其基本结构为：

```
for 元素 in 序列:
    执行元素语句
```

或者：

```
for 元素的索引 in range( 序列最大索引值 ):
    执行元素索引相关语句
```

【案例2-6】使用Spyder编写程序计算 1*2*3*...*10= ?

本案例用于计算 10 的阶乘结果。可以分析,10!=9!*10,而 9!=8!*9,这样依次递推,2!=1!*2。现在如果将上述数值用i变量来代替,那i!= (i−1)!*i。同时如果使用一个变量s来代替i!,最终i的阶乘可以表示成 s = s * i。

下面在Spyder中输入代码,分别使用while循环和for循环完成这个计算任务。

```python
# -*- coding: utf-8 -*-
"""
Created on Thu Sep 24 22:14:07 2020
@author: Administrator
"""
#1. 基于 while 循环来计算结果
s=1
i=1
while i<=10:
    s=s*i
    i=i+1
print(" 利用 while 循环计算得到 10！的结果为: ",s)

#2. 基于 for 循环来计算结果
s=1
for i in range(1,10):
    s=s*i
print(" 利用 for 循环来计算 10！的值为: ",s)
```

将上述代码保存为Chapter2-3.py,然后运行程序,结果输出在Spyder的控制台终端。

```
In [1]: runcell(0, 'C:/Users/Administrator/Chapter2-3.py')
利用 while 循环计算得到 10！的结果为:  3628800
利用 for 循环来计算 10！的值为:  362880
```

5. 函数和类

函数是在一个程序中可以重复使用的代码块,并且这组代码块可以实现一个独立的功能。在定义好函数后,该函数就可以在程序中任意需要的位置调用。

普通函数的基本结构为:

```
def 函数名 ( 参数 ):
    函数内部代码块
    return 参数变量
```

def为定义函数的关键字,在每一个函数定义时必须使用。函数名与变量名一样,定义时需要遵守一定规则,同时尽量做到见名知义。函数名后面的括号用于放置必需的参数,没有参数时可以为空。

函数内部代码块与def关键字在排版上使用缩进来布局,这样可以非常清晰地定位函数的内部代码。

函数内部代码块根据函数功能需求来决定是否使用return语句，如果该函数处理后需要返回处理结果，就需要使用return语句，否则可以不用。

【**案例2-7**】编写函数求解两点之间的距离。

本案例用于计算二维坐标系中任意两点之间的距离。如A点坐标为(x_0, y_0)，B点坐标为(x_1, y_1)，那么这两点之间的距离计算公式为$d = \sqrt{(x_0 - x_1)^2 + (y_0 - y_1)^2}$。当编写为计算距离的函数后，这个函数就可以重复使用，只要给定两个点的坐标参数，就可以计算出两点间的距离。

扫一扫，看视频讲解

下面在Spyder中输入代码，编写函数并实现调用，完成求解任务。

```python
# -*- coding: utf-8 -*-
"""
案例 2-7 源代码
"""
# 导入数学库 math
import math

# 定义函数求解两点之间距离 d
def calDistance(x0,y0,x1,y1):
    temp = (x0-x1)*(x0-x1)+(y0-y1)*(y0-y1)
    d = math.sqrt(temp)
    return d

# 调用函数，给定两点坐标实现距离计算
x0,y0=10,10
x1,y1=100,100
dis = calDistance(x0,y0,x1,y1)
print(" 两点之间距离计算结果为 :%.2f"%dis)
```

将上述代码保存为Chapter2-4.py，然后运行程序，结果输出在Spyder的控制台终端。

```
In [1]: runfile('C:/Users/Administrator/Chapter2-4.py', wdir='C:/Users/
Administrator')
两点之间距离计算结果为 :127.28
```

类是面向对象编程的一个核心要素。通常可以将具有相同属性和方法的对象归纳抽象为一类，如水果类、学生类或课程类。以水果类为例，苹果、梨、葡萄等，它们都具有相同的属性，如颜色、大小、营养成分等；也具有相同的方法，如摘取、可种植等。从编程角度来说，水果就是类，苹果、香蕉等属于水果类的实例对象，可以先将水果类定义好，设定属性和方法，然后实例对象就拥有这些相同的属性和方法。此时既可以直接使用类里的属性或方法，也可以根据实例对象来修改这些属性和方法。

类的基本结构为：

```python
class 类名（参数）:
    全局属性
```

类方法代码块

class为类的关键字，类名的定义与函数名、变量名的定义规则一致，不过习惯上类名的第一个字母需要大写。类代码块中内容较多，可以定义类具有的属性和方法，其中方法使用函数来定义。

【案例2-8】编写水果类实例的程序。

新建一个Python文件，命名为Chapter2-5.py。案例中将编写一个水果类Fruit，设定类的属性和方法，然后将其实例化，并修改实例的属性。

```python
# -*- coding: utf-8 -'*-
'''
编写水果类实例
'''
class Fruit():
    '''
        定义一个水果类，设定实例化时就给定水果名称和颜色
        然后定义一个 pickup 方法，输出该水果在什么季节采摘
    '''
    def __init__(self,name,color):
        self.name = name
        self.color = color

    def pickup(self,season):
        print("{} 在 {} 季节收割 ".format(self.name,season))

# 实例化类，可以理解为举例，如 Apple 对象
Apple = Fruit("apple","red")
# 调用 Apple 类的 pickup 方法
Apple.pickup(" 秋天 ")
```

6. 模块和包

模块（Modules）是一个相对笼统的概念，可以将其看成包含变量或一组方法的Python文件对象，或者多个Python文件对象组成的目录。有了模块，一个Python文件中的方法或者变量就可以被外部访问使用，而不仅仅局限于文件内部使用。因为有了模块，Python对象的抽象和复用更为通用，而不同的模块放在一起就构成了一个package包。Python如此流行，就是因为在Python社区中有各种各样的包可以下载并直接使用，这些包可以用于完成数据处理、网络爬虫、网站建设、嵌入式编程、多媒体处理、人工智能等多种任务。也就是说，只要有了这些库，现在的大部分任务都可以使用Python编程完成。

调用本地模块和包的基本格式为：

```
import 模块名 / 包名
from 模块 / 包 import 属性 / 方法
```

需要注意的是模块或包的所在路径，所以在使用import方法导入模块时要定义好模块所在的

路径。路径包括绝对路径和相对路径，一般使用相对路径即可。

在Python安装时就有一些内置的库安装到本地磁盘，如【案例2-7】中使用的math数学库、时间time库、系统os库等，也可以使用Python提供的pip工具在线下载社区中的包。这些库在调用时可以不设置路径，即可直接使用格式：import 库名。

【案例2-9】使用random库随机产生一组数存入列表。

本案例将使用Python内置的random库，调用其randint方法产生随机数，并存入列表。在Spyder中编写如下代码：

```python
# -*- coding: utf-8 -*-
"""
使用随机库 random 案例
"""


# 导入 random 库
import random


# 定义一个空列表
data=[]


#
for i in range(10):
    # 使用 random.randint() 方法产生一个 0~100 以内的随机数
    value = random.randint(0,100)
    # 将该数存入 data 列表中
    data.append(value)


# 查看列表中的所有元素
print(data)
```

将上述代码保存为Chapter2-6.py文件，然后运行程序，在终端输出结果为：

```
In [1]: runfile('C:/Users/Administrator/Chapter2-6.py', wdir='C:/Users/
Administrator')
[2, 48, 13, 22, 16, 22, 60, 46, 6, 70]
```

【案例2-10】使用pip工具下载安装第三方库。

pip是Python提供的下载安装第三方库的工具，操作命令为pip install 包名。如果要下载安装numpy数组计算库，直接在Windows命令提示符窗口输入pip install numpy即可完成下载安装。

不过因为Python社区服务器在国外，当下载第三方库时通常会出现速度慢、中断等现象，因此建议加入国内阿里云镜像站点来实现快速下载安装。例如，要安装pdfminder库，此时操作方式为输入如下命令：

```
pip install -i https://mirrors.aliyun.com/pypi/simple pdfminer
```

加入国内镜像站点后，速度明显要快很多。

```
C:\Users\Administrator>pip install -i https://mirrors.aliyun.com/pypi/simple
Python-docx
Looking in indexes: https://mirrors.aliyun.com/pypi/simple
Collecting Python-docx
Downloading
https://mirrors.aliyun.com/pypi/packages/e4/83/c66a1934ed5ed8ab1dbb9931f1779079f8bc
a0f6bbc5793c06c4b5e7d671/Python-docx-0.8.10.tar.gz (5.5 MB)
     |████████████████████████████████| 5.5 MB 2.2 MB/s
Requirement already satisfied: lxml>=2.3.2 in d:\program files\anaconda\lib\site-
packages (from Python-docx) (4.5.2)
Building wheels for collected packages: Python-docx
  Building wheel for Python-docx (setup.py) ... done
  Created wheel for Python-docx: filename=Python_docx-0.8.10-py3-none-any.whl
  size=184495 sha256=b05326d86aebd271f9f0df8c1a3b34e5208e94d43e8e87cb31990543a35
  be506
  Stored in directory: c:\users\administrator\appdata\local\pip\cache\wheels\05\30\
cf\d47bff5a26737cec01574a8f1430251a0f1db42717a4670a9a
Successfully built Python-docx
Installing collected packages: Python-docx
Successfully installed Python-docx-0.8.10
```

7. 文件

很多时候需要将处理的数据写入文件保存，或者需要从一些文件中读取数据。Python语言提供了对文件的读写，而且实现起来很简单。主要使用内置io库里的open方法，基本语法为：

```
open(filename,mode='r',encoding=None)
```

参数说明：

- filename为文件名，一般情况下包括文件路径和文件名。
- mode为操作模式，常用的两种模式为r和w，r为read的简写，表示读取模式；w为write的简写，表示写入模式。有时候会和b模式一起组合使用，b为二进制模式，用于非文本文件如图片等。组合时模式包括rb或wb。
- encoding为编码模式，尤其遇到有中文的时候，可能需要设置为utf-8模式。

上述open函数执行后返回的是一个文件对象fp，用于打开某个文件。接下来就可以调用该文件对象的写入或读取方法，基本语法为：

```
fp.readlines()            # 一次读取所有的文本行，并返回一个列表
fp.readline()             # 逐行读取
fp.write(str)             # 将字符串写入文件，返回写入字符长度
fp.writelines(sequence)   # 将序列字符串写入文件
```

对于文件操作而言，这是一种流模式，一般在读入数据后或者写入数据后需要将流模式关闭，也就是关闭文件。此时文件操作的基本结构为：

```
with open(filename,mode) as fp:
    读/写代码
```

【案例2-11】编写代码读取文件内容，修改后再输出到文件。

本案例将首先读取文件内容，稍加修改后再写入到文件中，同时实现文件的读写。在Spyder中输入如下代码：

```
# -*- coding: utf-8 -*-
"""
独显文件案例
"""
# 先读取文件中的内容存入列表中

# 定义一个空列表
data=[]

# 读取文件
with open('Chapter2-6.py','r',encoding='utf-8') as f:
    for item in f:
        # 将文件中每行内容添加到 data 列表中
        data.append(item)

print(data)

# 在列表尾部追加一个新元素 msg
msg = '终于成功地读取到了内容！'
data.append(msg)

# 将 data 列表元素存入新的 Chapter2-6_edit.py 文件中
with open('Chapter2-6_edit.py','w+',encoding='utf-8') as f:
    for item in f:
        # 将读取到的每行内容写入文件中，同时每行内容结束后换行
        f.write(item+'\n')

print(" 修改后保存成功！ ")
```

将上述代码保存为Chapter2-7.py，然后运行程序，在IPython控制台输出内容如下：

```
In [1]: runfile('C:/Users/Administrator/Chapter2-7.py', wdir='C:/Users/Administrator')
['# -*- coding: utf-8 -*-\n', '"""\n', ' 使用随机库 random 案例 \n', '"""\n', '\n', '#
导入 random 库 \n', 'import random\n', '\n', '# 定义一个空列表 \n', 'data=[]\n', '\n',
'#\n', 'for i in range(10):\n', '    # 使用 random.randint() 方法产生一个 0~100 以内的
随机数 \n', '    value = random.randint(0,100) \n', '    # 将该数存入 data 列表中 \n',
'data.append(value)\n', '\n', '# 查看列表中的所有元素 \n', 'print(data)']
修改后保存成功！
```

8. 异常

异常是一个事件，该事件会在程序执行过程中发生，影响程序的正常执行。一般情况下，在Python无法正常处理程序时就会发生一个异常。找不到文件路径、被零除、语法错误、缩进错误等都属于常见异常。

异常是Python对象，表示一个错误。当Python脚本发生异常时需要捕获处理它，否则程序会终止执行。尤其是程序行数较多时，或者开发大型项目时，更需要设计异常处理的情况，使程序更为健壮，不会崩溃。

常见的异常类型包括：

- ZeroDivisionError：除（或取模）零（所有数据类型）。
- AttributeError：对象没有这个属性。
- IOError：输入/输出操作失败。
- NameError：未声明/初始化对象（没有属性）。
- RuntimeError：一般的运行时错误。

在Python语言中，使用try/except语句结构来捕捉和处理异常，其中try语句用来检测try语句块中的错误，except语句用于捕获异常信息并处理。其基本结构为：

```
try:
    <语句>                    # 运行别的代码
except <名字>:
    <语句>                    # 如果在 try 部分引发了 'name' 异常
except <名字>, <数据>:
    <语句>
else:
    <语句>                    # 如果没有异常发生
```

【案例2-12】编写Python代码处理文件读取异常。

扫一扫，看视频讲解

在读取文件数据时，如果文件路径不正确，常常会引起异常，程序也会直接终止运行。如果读取完文件数据后，还有许多后续处理和分析，那这个异常会导致整个程序都无法运行。因此需要加入异常处理。

以【案例2-11】的Chapter2-7.py为例，如果文件名不正确，就会抛出IOError异常，代码参考为：

```
'''
加入异常处理读取文件中的内容
'''
try:
    with open('Chapter2-7.py','r',encoding='utf-8') as fp:
        content = fp.readlines()
except IOError:
    print(" 文件路径不对！")
    content=None
else:
```

```
        print(" 文件读取成功！ ")

print(" 文件中的内容为 :",content)
```

将上述代码保存为Chapter2-8.py，然后运行程序，在IPython控制台输出内容如下：

```
In [1]: runfile('C:/Users/Administrator/Chapter2-8.py', wdir='C:/Users/
Administrator')
文件路径不对！
```

【案例2-12】中因为文件名不对，所以控制台输出显示出异常：文件路径不对。

2.2.3 Python Numpy 数组计算库

扫一扫，看视频讲解

在数据科学计算领域，经常需要进行大量的数组和矩阵运算，但仅仅依靠Python本身提供的数据结构和模块来进行运算，效率非常低下。目前最可靠的解决方案就是使用第三方库Numpy。

Numpy（Numerical Python）是 Python 语言的一个扩展程序库，支持大量的多维数组与矩阵运算，此外也针对数组运算提供大量的数学函数库。Numpy功能非常强大，支持广播功能函数、线性代数运算、傅里叶变换、随机数生成等功能，为数据科学运算的其他第三方库如SciPy、Pandas等提供了底层支持。

1. Numpy 安装和导入

本书推荐安装的Anaconda属于Python专门用于科学运算的发行版，在安装了Anaconda后，许多第三方库都随之安装到了本地，其中就包括Numpy、Pandas以及Matplotlib。

在使用时，可以直接使用import方式来导入。同时约定俗成，将Numpy简称为np。在Spyder控制台终端输入如下代码：

```
IPython 7.16.1 -- An enhanced Interactive Python.
In [1]: import numpy as np                  # 导入 numpy 库并指定别名为 np
In [2]: print(np.__version__)               # 打印输出 numpy 当前版本号
1.18.5
```

2. Numpy 的 ndarray 对象

Numpy 最重要的一个特点是其 N 维数组对象 ndarray。ndarray与列表类似，与列表不一样的是，构成ndarray数组的元素必须具有相同类型。在生成ndarray时，采用Numpy的array方法。

如下代码使用具有相同类型元素的列表来生成ndarray：

```
In [3]: arr0 = np.array([1,3,5,7])          # 使用数值列表来生成一维 array
In [4]: arr0
Out[4]: array([1, 3, 5, 7])
In [5]: arr1 = np.array([[1,3],[5,7]])      # 使用数值列表生成二维 array
In [6]: arr1
```

```
Out[6]: array([[1, 3],
               [5, 7]])
```

由于在ndarray数组里元素都具有相同类型，因此可以使用Numpy的dtype属性来查看具体类型，也可以使用dtype方法转换元素已有类型。

```
In [7]: arr1.dtype                      # 查看 arr1 的数据类型
Out[7]: dtype('int32')                  # 数据类型为 int32 整数
```

3. 生成 Numpy 数组

除了上述利用数据列表方式生成Numpy数组外，还有一些特定方法可以生成数组。

※ np.arange(start,stop,step,dtype)

使用arange方法可以生成给定范围内的数组，参数包括start（起始数）、stop（截止数）和step（步长），dtype用于指定数据类型。

```
In [8]: np.arange(10)                   # 生成 10 以内的整数数组对象
Out[8]: array([0, 1, 2, 3, 4, 5, 6, 7, 8, 9])
In [9]: np.arange(1,10,0.5)             # 给定起始范围和步长生成数组对象
Out[9]: array([1. , 1.5, 2. , 2.5, 3. , 3.5, 4. , 4.5, 5. , 5.5, 6. , 6.5, 7. ,7.5,
8. , 8.5, 9. , 9.5])
```

※ np.zeros((m,n))

使用zeros方法生成维度为$m \times n$、填充值为0的数组对象，m和n为维度。

```
In [10]: np.zeros((3,4))                # 生成一个 3 行 4 列的二维数组，元素值均为 0
Out[10]: array([[0., 0., 0., 0.],
                [0., 0., 0., 0.],
                [0., 0., 0., 0.]])
```

※ np.ones((m,n))

使用ones方法生成维度为$m \times n$、填充值为1的数组对象，m和n为维度。

```
In [11]: np.ones((3,4))                 # 生成一个 3 行 4 列的二维数组，元素值均为 1
Out[11]:
array([[1., 1., 1., 1.],
       [1., 1., 1., 1.],
       [1., 1., 1., 1.]])
```

※ np.eye(m,n)

使用eye方法生成维度为$m \times n$的矩阵，其中对角线位置填充为1，m和n为维度。

```
In [12]: np.eye(3,4)            # 生成一个 3 行 4 列的二维数组，对角线元素值均为 1，其余为 0
Out[12]:
array([[1., 0., 0., 0.],
       [0., 1., 0., 0.],
       [0., 0., 1., 0.]])
```

※ np.random.rand(m,n)

这里使用random随机方法来产生数组，random.rand(m,n)用于创建0~1内的浮点数矩阵（shape为m行n列），还可以增加一个d参数，random.rand(m,n,d)，即创建d组m行n列的矩阵。

```
In [13]: np.random.rand(3,3)          # 创建一个3行3列的矩阵，元素值范围为0~1
Out[13]:
array([[0.76494189, 0.28132719, 0.51731764],
       [0.64238793, 0.27617897, 0.00376142],
       [0.75901483, 0.96592698, 0.18137637]])
```

※ np.random.randint(low,high,size,dtype)

这里参数均为int型，其中low为随机数的下限，high为上限，size为尺寸，dtype默认为l。当size为单个整数值时，生成一维数组；当size取元组（m,n)时，生成m行n列的二维数组矩阵。

```
In [14]: np.random.randint(1,100,(3,3))  # 创建一个3行3列的矩阵，元素值范围为1~100
Out[14]:
array([[14, 42, 98],
       [61, 87, 77],
       [45, 91, 55]])
```

4. Numpy 数组基本运算

Numpy支持大量的维度数组与矩阵运算，下面通过数组运算来实践。

※ 基本的四则运算

```
In [15]: arr0=np.array([1,3,5,7,9,10])      # 基于列表生成一个数组 arr0
In [16]: arr1=np.array([2,4,6,8,11,13])     # 基于列表生成一个数组 arr1
In [17]: arr0+arr1                          # 两个 array 相加
Out[17]: array([ 3,  7, 11, 15, 20, 23])
In [18]: arr0*arr1                          # 两个 array 相乘
Out[18]: array([  2,  12,  30,  56,  99, 130])
In [19]: arr1*2                             # 对数组 arr1 元素乘 2
Out[19]: array([ 4,  8, 12, 16, 22, 26])
```

可以看出，对于数组基本的四则运算，在两个数组维度相同的情况下，直接使用运算符就能完成计算，效率非常高。

※ 矩阵点乘运算dot方法

矩阵点乘计算属于线性代数知识部分。对于两个一维数组，计算的是这两个数组对应下标元素的乘积和（数学上称为内积）；对于二维数组，计算的是两个数组的矩阵乘积。

```
In [20]: arr0=np.random.randint(1,10,(2,3))    # 随机生成一个2行3列的矩阵
In [21]: arr0
Out[21]: array([[2, 7, 8],
                [2, 4, 7]])
In [22]: arr1=np.random.randint(1,10,(3,2))    # 随机生成一个3行2列的矩阵
In [23]: arr1
```

```
Out[23]: array([[3, 7],
                [5, 3],
                [3, 8]])
In [24]: np.dot(arr0,arr1)        # 两个矩阵进行点乘运算
Out[24]: array([[65, 99],
                [47, 82]])
```

5. Numpy 数组统计函数

Numpy提供了很多统计函数，可以快速地从数组中查找最小、最大元素，求解平均数、中位数、标准差等统计结果。

```
In [25]: arr=np.random.rand(2,3)     # 随机生成一个 2 行 3 列的矩阵，元素值为 0~1
In [26]: arr
Out[26]: array([[0.86747709, 0.67436135, 0.1532286 ],
                [0.86648494, 0.546362  , 0.64981165]])
In [27]: np.max(arr)                 # max 方法求解矩阵里最大元素
Out[27]: 0.8674770869607477
In [28]: np.min(arr)                 # min 方法求解矩阵里最小元素
Out[28]: 0.15322860160402252
In [29]: np.amin(arr,0)              # amin 方法求解行方向最小元素
Out[29]: array([0.86648494, 0.546362  , 0.1532286 ])
In [30]: np.amin(arr,1)              # amin 方法求解列方向最小元素
Out[30]: array([0.1532286, 0.546362 ])
In [31]: np.median(arr)              # median 方法求解矩阵中位数
Out[31]: 0.662086495408652
```

2.2.4 Python Pandas 数据分析库

扫一扫，看视频讲解

Pandas 是Python的一个数据分析包，最初由AQR Capital Management于2008年4月开发，并于2009年底开源出来，目前由专注于Python数据包开发的PyData开发团队继续开发和维护，属于PyData项目的一部分。Pandas的名称来自面板数据（panel data）和Python数据分析（data analysis）。

Pandas是Python环境下非常重要的数据分析库。当使用Python实现数据分析时，通常都指的是使用Pandas库作为分析工具对数据进行处理和分析。

Pandas是基于Numpy构建的数据分析库，但它比Numpy有更高级的数据结构和分析工具，如Series类型、DataFrame类型等。将数据源重组为DataFrame数据结构后，可以利用Pandas提供的多种分析方法和工具高效地完成数据处理和分析任务。

1. Pandas 库的安装和导入

与Numpy一样，在安装Anaconda时就已经安装好了Pandas库。如果不采用Anaconda发行版，而使用其他Python开发环境，可以使用pip工具直接安装。

在使用时，可以直接使用import方式来导入。同时约定俗成，将Pandas简称为pd。在Spyder控制台终端输入如下代码来导入Pandas库：

```
IPython 7.16.1 -- An enhanced Interactive Python.
In [1]: import pandas as pd          # 导入 Pandas 包，同时指定别名为 pd
In [2]: print(pd.__version__)        # 查看当前 Pandas 版本信息
1.0.5
```

2. Pandas 数据结构类型——Series 类型

Pandas的高效离不开其底层数据结构的支持。Pandas主要有两种数据结构：Series（类似于Excel工作表中的一列）、DataFrame（类似于Excel工作表或二维数组），如图2-35所示。

图 2-35　与 Excel 工作表类比理解 Series 和 DataFrame

Series是一种类似于一维数组的数据结构，由一组数据和数据的索引构成。可以类比为列表结构，列表具有index索引，而Series就是具有列表元素及其index索引的数据结构。与列表不同的是，由于Series依赖于Numpy中的ndarray创建，因此其内部的数据类型必须相同。

创建Series的语法非常简单，即：

```
pd.Series(data,index=index)
```

其中data为数据源，index为索引。data可以是一系列的整数、字符串，或者Python对象，index在不指定的时候默认为从0开始的标签，指定的时候则为指定的序列值。

```
In [3]: pd.Series(data=[1,2,3,4])          # 使用 data 列表创建 Series，默认索引为标签值
Out[3]:
0    1
1    2
2    3
3    4
dtype: int64
In [4]: pd.Series(data=[1,2,3,4],index=['a','b','c','d'])
# 使用 data 列表创建 Series，指定索引值
```

```
Out[4]:
a    1
b    2
c    3
d    4
dtype: int64
```

上述代码中Series包括两列数据，第一列为数据对应的索引，第二列则为数组元素值。当定义好Series后，可以直接使用Series对象的index属性获取其索引序列，values属性获取数组元素值。

```
In [5]: series = pd.Series([1,2,3,4],index=['a','b','c','d'])
# 创建一个 Series 数据结构
In [6]: series.index                    # 获取 series 的 index 索引序列
Out[6]: Index(['a', 'b', 'c', 'd'], dtype='object')
In [7]: series.values                   # 获取 series 的 values 数组元素值
Out[7]: array([1, 2, 3, 4], dtype=int64)
```

如果Series数组元素为数值时，还可以使用Series对象的describe方法对数值进行统计分析。

```
n [8]: import numpy as np               # 导入 numpy 库，指定别名为 np
In [9]: data=np.random.randint(1,100,10)
# 使用 np 的 random 模块的 randint 方法创建一维数组
In [10]: data                           # 查看一维数组
Out[10]: array([76, 94, 63, 4, 41, 48, 19, 32, 52, 11])
In [11]: s=pd.Series(data=data)         # 创建 Pandas 的 Series 对象数据 s
In [12]: s                              # 查看 Series 数据
Out[12]:                                # 第一列为索引，第二列为数组元素
0 76
1 94
2 63
3 4
4 41
5 48
6 19
7 32
8 52
9 11
dtype: int32
In [13]: s.describe()    # 使用 Series 数据对象 s 的 describe 方法对数据进行统计分析
Out[13]:
count 10.000000               # count 为数据个数
mean 44.000000                # mean 为平均值
```

```
std 28.736349                          # std 为标准方差
min 4.000000                           # min 为最小值
25% 22.250000                          # 25% 为前 25% 的数据的分位数
50% 44.500000                          # 50% 为前 50% 的数据的分位数
75% 60.250000                          # 75% 为前 75% 的数据的分位数
max 94.000000                          # max 为最大值
dtype: float64
```

因为Series数据对象有索引值，因此在访问Series数据对象时可以直接使用其索引，操作方式与列表完全一致。据此也可以实现切片数据、修改数据值等操作。

如对上述创建的Series数据对象s进行访问，s共有10个元素，操作演示如下：

```
In [14]: s[0]                          # 获取 s 中的第一个元素，指定索引为 0
Out[14]: 76
In [15]: s[9]                          # 获取 s 中的最后一个元素，指定索引为 9
Out[15]: 11
In [16]: s[0:4]                        # 使用索引起始值来获取 s 中部分数据，数据索引为 0~3
Out[16]:
0    76
1    94
2    63
3     4
dtype: int32
```

对于一个Series数据对象，可以使用append方法来实现数组元素的追加，或者理解为Series数据对象的合并操作，代码如下所示：

```
In [17]: s =pd.Series([1,2,3],index=['a','b','c'])      # 创建一个 Series 数据对象 s
In [18]: s1 =pd.Series([2,4,6],index=['d','e','f'])      # 创建一个 Series 数据对象 s1
In [19]: s.append(s1)                  # 在 s 后面追加 s1，完成两个 Series 对象的合并
Out[19]:
a    1
b    2
c    3
d    2
e    4
f    6
dtype: int64
```

如果要对序列元素进行删除操作，基本语法为：

```
s.drop(index,axis,inplace=True)
```

其中，参数index为索引值，axis为轴方向（主要对DataFrame使用），inplace默认为False，当设置为True时为本地删除。代码如下所示：

```
In [20]: s.drop('a',inplace=True)          # 使用 drop 方法删除某个元素，index 为 'a'
In [21]: s                                  # 删除后查看 s 序列
Out[21]:
c    3
dtype: int64
```

3. Pandas 数据结构类型——DataFrame 类型

如果把Series看作Excel表中的一列，DataFrame就是Excel的一张工作表，如图2-35所示。DataFrame由多个Series构成，DataFrame也可以类比为二维数组或者矩阵，但与它们不同的是，DataFrame必须同时具有行索引和列索引。

※ 创建DataFrame

创建DataFrame的语法也非常简单，如下所示：

```
pd.DataFrame(data,index,columns)
```

其中，data为数据源，index为行索引，columns为列索引。data为数组元素，可以由一列数据构成，不过大多数情况下由多列数据构成，每一列里的数据类型必须相同。index行索引可以指定，当不指定时将从0开始，最大为行数-1。columns为列索引，当不指定时也从0开始，最大为列数-1。不过一般情况下列索引都会给定，这样每一列数据的属性可以由列索引来给定。

如下为基于随机数创建DataFrame的代码：

```
In [1]: data=np.random.randint(1,100,(3,4))      # 利用随机数产生一个 3 行 4 列的数组
In [2]: data
Out[2]:
array([[ 4, 92, 73, 38],
       [31, 51, 99, 17],
       [44, 56, 49, 52]])
In [3]: df=pd.DataFrame(data,columns=['a','b','c','d'])
# 基于数组元素，给定列标签索引值创建 DataFrame
In [4]: df                                        # 查看生成的 df 数据结构
Out[4]:
    a   b   c   d
0   4  92  73  38
1  31  51  99  17
2  44  56  49  52
```

※ 外部数据加载创建DataFrame

使用Pandas进行数据分析时，更多情况下需要从外部数据源来加载数据创建DataFrame。Pandas提供了许多数据接口，可以快速地从如Excel、网站、数据库等多种数据源中加载数据。如图2-36和图2-37所示分别为读取Excel数据和网页表格数据的示例。

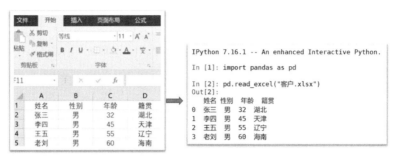

图 2-36 从 Excel 文件中读取数据创建 DataFrame

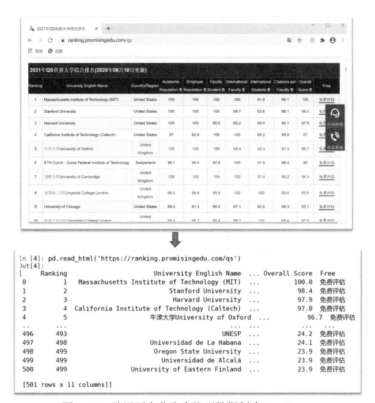

图 2-37 从网页中获取表格型数据创建 DataFrame

※ 熟悉DataFrame结构

很显然，在上述代码Out[4]行的输出结果中，可以将整个DataFrame结构分为三部分，如图2-38所示。

图 2-38 DataFrame 数据结构理解

图2-38中DataFrame数据结构的行索引个数、列索引个数定义了整个数据结构的尺寸，如行索引为3个，列索引为4个，整个数据结构为3行4列的数组。

当调用df对象的shape属性时，返回结果即为数据结构的尺寸。

```
In [5]: df.shape
Out[5]: (3, 4)
```

当调用df对象的info方法时，可以获得当前DataFrame数据对象的信息概述，包括行索引、列索引、非空数据和数据类型信息。

```
In [6]: df.info()
<class 'pandas.core.frame.DataFrame'>
RangeIndex: 3 entries, 0 to 2
Data columns (total 4 columns):
 #   Column  Non-Null Count  Dtype
---  ------  --------------  -----
 0   a       3 non-null      int32
 1   b       3 non-null      int32
 2   c       3 non-null      int32
 3   d       3 non-null      int32
dtypes: int32(4)
memory usage: 176.0 bytes
```

调用df对象的index、columns、values属性时，返回该对象的行索引、列索引及数组元素。

```
In [7]: df.index
Out[7]: RangeIndex(start=0, stop=3, step=1)


In [8]: df.columns
Out[8]: Index(['a', 'b', 'c', 'd'], dtype='object')


In [9]: df.values
Out[9]:
array([[ 4, 92, 73, 38],
       [31, 51, 99, 17],
       [44, 56, 49, 52]])
```

※ 访问DataFrame数据

因为存在索引，对于访问DataFrame里面的数据就简单多了。不过与Series不同的是，DataFrame因为存在行和列两个轴方向，在访问数据的时候就多了一个轴参数选择。访问DataFrame数据的基本方法见表2-5。

表 2-5　访问 DataFrame 数据的基本方法

参数定义	功能描述	示　例
df[index1:index2]	访问 DataFrame 行数据	df[0:1]: 第 1 行数据
df[column] 或 df.column	访问 DataFrame 列数据	df['a'] 或 df.a: 列名为 a 的数据
df.at[index,column]	访问第 index 行第 column 列的数据	df.at[0,'a']: 获取第 1 行列名为 a 的数据
df.iloc[index1:index2,column1: column2]	获得由 index 和 column 起始值和终止值定义的区域数据块	df.iloc[0:1,1:]: 获取第 1 行所有数据

代码如下所示：

```
In [10]: df                      # 查看原始 DataFrame 数据
Out[10]:
    a   b   c   d
0   4  92  73  38
1  31  51  99  17
2  44  56  49  52


In [11]: df[0:1]                 # 访问第 1 行数据，返回的是 DataFrame 数据对象
Out[11]:
    a   b   c   d
0   4  92  73  38


In [12]: df.a                    # 访问列名为 a 的数据，返回 DataFrame 数据对象
Out[12]:
0     4
1    31
2    44
Name: a, dtype: int32


In [13]: df.at[0,'a']            # 访问第 1 行列名为 a 的数据，返回数据
Out[13]: 4


In [14]: df.iloc[0:1,:]          # 访问第 1 行所有数据，返回 DataFrame 数据对象
Out[15]:
    a   b   c   d
0   4  92  73  38
```

※ DataFrame数据的添加、修改和删除

对DataFrame数据的操作包括两个轴向，即行方向和列方向，基本操作方法见表2-6。

表 2-6　DataFrame 数据的基本操作方法

DataFrame 操作	行方向（axis=1）	列方向（axis=0）
添加	df1.append(df2) df.loc['new_row']=valueList	df['new_column']=valueList
修改	df.loc[row]=new value	df[column]=valueList
删除	df.drop(row_index,axis=1,inplace)	df.drop(column,axis=0,inplace)

代码如下所示：

```
In [16]: df                        # 查看原 DataFrame 数据
Out[16]:
    a   b   c   d
0   4  92  73  38
1  31  51  99  17
2  44  56  49  52


In [17]: df[3]=10                  # 添加列，列索引为 3，使用广播功能将列值全设置为 10
In [18]: df                        # 列方向添加数据显示
Out[18]:
    a   b   c   d   3
0   4  92  73  38  10
1  31  51  99  17  10
2  44  56  49  52  10


In [19]: df.loc[3]=10              # 添加行，行索引为 3，根据广播功能将行值全设置为 10
In [20]: df                        # 添加后的数据
Out[20]:
    a   b   c   d   3
0   4  92  73  38  10
1  31  51  99  17  10
2  44  56  49  52  10
3  10  10  10  10  10


In [21]: df.loc[3]=5               # 修改行索引为 3 的值为 5
In [22]: df                        # 查看修改后的数据
Out[22]:
    a   b   c   d   3
0   4  92  73  38  10
1  31  51  99  17  10
2  44  56  49  52  10
3   5   5   5   5   5
```

```
In [23]: df.drop(3,axis=1,inplace=True)        # 源数据删除行索引为 3 的数据
In [24]: df                                      # 删除后的 DataFrame 数据
Out[24]:
     a   b   c   d   3
0    4  92  73  38  10
1   31  51  99  17  10
2   44  56  49  52  10

In [25]: df.drop(3,axis=0,inplace=True)        # 源数据删除列标签为 3 的数据
In [26]: df                                      # 删除后的 DataFrame 数据
Out[26]:
     a   b   c   d
0    4  92  73  38
1   31  51  99  17
2   44  56  49  52
```

※ DataFrame常用方法

将数据封装为类似于Excel工作表结构的DataFrame后，可以使用DataFrame提供的一些分析方法快速完成数据的处理和分析。

DataFrame常用方法及功能描述见表2-7。

表2-7　DataFrame 常用方法及功能描述

方　法	功　能　描　述
head(n)/tail(n)	返回数据前 / 后 n 行记录，不给定 n 时默认前 / 后 5 行
describe()	返回所有数值列的统计信息
max(axis=0)/min(axis=0)	默认获得列方向各数值列最大 / 最小值，当 axis 设置为 1 时获得行方向数值列的最大 / 最小值
mean(axis=0)/median(axis=0)	默认获得列方向各数值列平均 / 中位数值，当 axis 设置为 1 时获得行方向数值列的平均 / 中位数值
info()	对所有数据进行信息简述
isnull()	检测空值，返回一个元素为布尔值的 DataFrame。当出现空值时返回 True，否则为 False
dropna()	删除数据集合中的空值
value_counts()	查看某列中各值出现的次数
count()	对符合条件的记录统计次数
sort_values()	对数据进行排序，默认升序排列
sort_index()	对索引进行排序，默认升序排列
groupby()	按给定条件对数据进行分组统计

51

如对上述Out[26]行的DataFrame对象进行如下操作：

```
In [27]: df.describe()                    # 对数值列进行统计分析
Out[27]:
              a          b          c          d
count  3.000000   3.000000   3.000000   3.000000
mean   26.333333  66.333333  73.666667  35.666667
std    20.404248  22.368132  25.006666  17.616280
min     4.000000  51.000000  49.000000  17.000000
25%    17.500000  53.500000  61.000000  27.500000
50%    31.000000  56.000000  73.000000  38.000000
75%    37.500000  74.000000  86.000000  45.000000
max    44.000000  92.000000  99.000000  52.000000

In [28]: df.max()                         # 默认对数值列进行最大值统计
Out[28]:
a    44
b    92
c    99
d    52
dtype: int64

In [29]: df.max(axis=1)                    # 当设置 axis=1 时，对行方向数值进行统计
Out[29]:
0    92
1    99
2    56
dtype: int64

In [30]: df.a.value_counts()               # 对列索引为 a 的列数值出现次数进行统计
Out[30]:
31    1
44    1
4     1
Name: a, dtype: int64

In [31]: df.a.mean()                        # 对列索引为 a 的数值列求取平均值
Out[31]: 26.33

In [32]: df.a.count()                       # 对列索引为 a 的数值列统计元素个数
Out[32]: 3
```

```
In [33]: df[df>10].a.count()            # 对值大于 10 的元素在 a 列中的个数进行统计
Out[33]: 2
```

2.2.5　Python Matplotlib/Seaborn 可视化库

在数据分析流程中，结果呈现是非常重要的步骤。美观规范的图表会让用户直观、快速地了解数据变化的趋势，找到有关数据变化的原因。Python提供了很多可视化第三方库，其中Matplotlib库、Seaborn库常与Numpy、Pandas搭配使用，Pandas分析的结果能够快速地通过编程以图表方式显示出来。

1. Matplotlib 库安装与导入

与Pandas库一样，如果采用本书推荐的Anaconda发行版，在安装Anaconda时就直接随之下载安装到本地了。如果使用别的Python开发环境，则可以使用pip工具下载。

由于Matplotlib属于第三方库，在绘图时主要使用其pyplot子模块，因此在导入时其语法为：

```
import matplotlob.pyplot as plt   # 导入 matplotlib 包中的 pyplot 模块，同时指定别名为 plt
```

2. 绘制简单图形

在编程实现图形绘制时，通常包括导入库、数据准备、图形配置、图形显示等步骤。由于代码行数相对较多，此时需要在Spyder窗口中编写代码。下面使用matplotlib.pyplot模块编程来绘制折线图，代码参考如下：

```
#1. 导入绘图库
import matplotlib.pyplot as plt

#2. 准备图形源数据
x_data=[1,2,3,4]
y_data=[6,9,4,12]

#3. 调用 plot 方法给定 x 轴和 y 轴数据，绘制折线图
plt.plot(x_data,y_data)

#4. 显示图形
plt.show()
```

运行程序，在Spyder右侧绘图窗口显示的效果如图2-39所示。

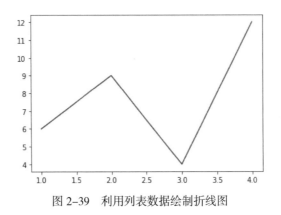

图 2-39　利用列表数据绘制折线图

3. 与 Pandas 结合绘制图形

从上述案例代码中可以看到，在准备图形数据源部分x轴和y轴数据均为列表格式，因此在与Pandas组合进行数据分析绘图时，可以使用Series序列数据或者DataFrame列数据作为数据源。

【案例2-13】使用Matplotlib绘制随时间变化的趋势图。

本案例将使用Numpy库产生随机数组创建Series序列，同时使用Pandas库的date_range方法生成时间序列。两者绘制趋势图，其中时间序列为x轴数据，Series随机数为y轴数据。打开Spyder模块，在代码窗口输入如下代码：

```
#1. 导入绘图库
import numpy as np
import pandas as pd
import matplotlib.pyplot as plt


#2. 准备图形源数据
x_data=pd.date_range('9/1/2020',periods=12)    # 生成 12 天的时间序列构成 Series 序列
y_data=np.random.rand(12)                       # 产生 12 个随机数构成 numpy 数组


#3. 调用 plot 方法给定 x 轴和 y 轴数据
plt.plot(x_data,y_data,color='red')


#4. 图形属性设置
plt.rcParams['font.sans-serif']=['SimHei']      # 设置字体中文简体显示
plt.title(" 近两周内变化趋势 ")                    # 设置图形标题
plt.xlabel(" 时间序列 ")                          # 设置 x 轴标题
plt.ylabel(" 变化值 ")                            # 设置 y 轴标题


#5. 显示图形
plt.show()
```

将上述代码保存为Chapter2-8.py，执行后在绘图窗口的显示如图2-40所示。

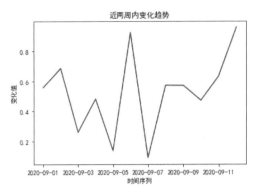

图 2-40　随时间序列变化的变动趋势图

4. Seaborn 库简介

Seaborn库是在Matplotlib库的基础上进一步开发形成的绘图第三方库，在大多数情况下使用Seaborn能做出很具有吸引力的图，而使用Matplotlib就能制作具有更多特色的图。Seaborn 要求原始数据的输入类型为 Pandas 的 Dataframe 或 Numpy 数组，画图函数有以下几种形式（sns为Seaborn别名）：

```
sns.图函数 (x='X轴 列名 ', y='Y轴 列名 ', data= 原始数据 df 对象 )
sns.图函数 (x='X轴 列名 ', y='Y轴 列名 ', hue=' 分组绘图参数 ', data= 原始数据 df 对象 )
```

这里常用的图函数包括：

- scatterplot：绘制散点图。
- displot：绘制分布图。
- catplot：绘制分类图。
- implot：绘制回归图。
- heatmap：绘制热力图。
- pairplot：关联分析图。

更多的可以参考Seaborn库的官方文档，地址为http://seaborn.pydata.org/index.html。

【案例2-14】使用Seaborn第三方库绘制数据分布箱形图。

本案例将使用Numpy的random模块随机产生数组，然后使用Seaborn库绘制分布箱形图。打开Spyder模块，在代码窗口输入如下代码：

```
#1. 导入 numpy 和 seaborn 库
import numpy as np
import seaborn as sns

#2. 使用 numpy 的 random 模块随机产生 5 组数据，元素个数为 10 个，数值范围为 0~1
data=np.random.rand(5,10)

#3. 设置绘制风格
sns.set_style('whitegrid')
```

```
#4. 调用 boxplot 方法绘制箱形图
sns.boxplot(data=data)
```

保存代码为Chapter2-9.py，执行程序后绘图窗口的显示效果如图2-41所示。

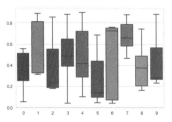

图 2-41　Seaborn 绘制的箱形图

2.2.6　快速入门 Python 数据分析

相比于Excel，Python在数据分析方面最大的优势在于可以轻松应对大数据和实现自动化编程，包括读取数据、处理数据和分析数据过程都可以采用编程方式轻松完成。例如，存在大批量相同格式的数据文件时，使用Python几行代码就可以高效地将数据全部读取进来，并创建成DataFrame对象，然后开展相应的数据处理和分析。同时可以根据任务编写一些执行程序，或者设置定时任务自动完成数据分析。另外Python还可以完成文本、图片、视频等非数值类数据分析，可适用范围远比Excel要广。

下面基于经典的鸢尾花数据集案例来快速入门Python数据分析。

【案例2-15】基于Python编程的鸢尾花数据分析。

Iris 鸢尾花数据集是一个经典数据集，在统计学习和机器学习领域都经常被用作示例。数据集内共 150 条记录，包括三类鸢尾花：setosa、versicolour、virginica。每类各 50 个数据，每条记录都有 4 项特征：花萼长度、花萼宽度、花瓣长度、花瓣宽度。

该数据集已经集成到Anaconda软件中的机器学习包sklearn中，使用的时候直接使用如下命令：

```
from sklearn.datasets import load_iris
```

为了便于对数据分析的步骤加以解释和说明，本案例采用Jupyter Notebook开发环境，并将Notebook命名为Chapter2-10.ipynb。其步骤和实现代码参考如下：

步骤1：获得鸢尾花数据集。

```
In [1]:  import pandas as pd                      #导入pandas库
         import matplotlib.pyplot as plt          #导入绘图库
         from sklearn.datasets import load_iris   #将鸢尾花数据对象导入

In [16]: data=load_iris()                         #获取鸢尾花数据对象，包括类标签和样本数据

In [17]: sample_data=data.data                    #从数据对象里调用data属性，获得样本数据
```

运行代码块显示结果如下：

```
In [18]: sample_data                    #查看样本数据,为多个列表构成的数组

Out[18]: array([[5.1, 3.5, 1.4, 0.2],
                [4.9, 3. , 1.4, 0.2],
                [4.7, 3.2, 1.3, 0.2],
                [4.6, 3.1, 1.5, 0.2],
                [5. , 3.6, 1.4, 0.2],
                [5.4, 3.9, 1.7, 0.4],
                [4.6, 3.4, 1.4, 0.3],
                [5. , 3.4, 1.5, 0.2],
```

然后使用feature_names属性获取样本列标签。

```
In [21]: labels=data.feature_names      #从数据对象里调用feature_names属性，获取列标签名

In [22]: print(labels)                  #查看标签名，共4类
         ['sepal length (cm)', 'sepal width (cm)', 'petal length (cm)', 'petal width (cm)']
```

同时在数据集中还包括类别标签列数据，这里使用target属性来获取。

```
In [26]: target=data.target             #从数据对象里调用target属性，获取类别标签列数据

In [28]: print(target)                  #查看类别列，0代表setosa类，1代表versicolour类，2代表virginica类
         [0 0 0 0 0 0 0 0 0 0 0 0 0 0 0 0 0 0 0 0 0 0 0 0 0 0 0 0 0 0 0 0 0 0 0 0 0
          0 0 0 0 0 0 0 0 0 0 0 0 0 1 1 1 1 1 1 1 1 1 1 1 1 1 1 1 1 1 1 1 1 1 1 1 1
          1 1 1 1 1 1 1 1 1 1 1 1 1 1 1 1 1 1 1 1 1 1 1 1 1 1 2 2 2 2 2 2 2 2 2 2 2
          2 2 2 2 2 2 2 2 2 2 2 2 2 2 2 2 2 2 2 2 2 2 2 2 2 2 2 2 2 2 2 2 2 2 2 2 2
          2 2]
```

步骤2： 创建DataFrame数据对象。

调用Pandas的DataFrame方法，给定data元素和columns列标签创建DataFrame。

```
In [30]: df=pd.DataFrame(data=sample_data, columns=labels)      #创建pandas里的DataFrame数据结构对象

In [31]: df                             #查看df
```

Out[31]:

	sepal length (cm)	sepal width (cm)	petal length (cm)	petal width (cm)
0	5.1	3.5	1.4	0.2
1	4.9	3.0	1.4	0.2
2	4.7	3.2	1.3	0.2
3	4.6	3.1	1.5	0.2
4	5.0	3.6	1.4	0.2
...	...	...	...	...
145	6.7	3.0	5.2	2.3
146	6.3	2.5	5.0	1.9
147	6.5	3.0	5.2	2.0
148	6.2	3.4	5.4	2.3
149	5.9	3.0	5.1	1.8

150 rows × 4 columns

将target属性列添加到df中。

```
In [32]:  df['target']=target
```

```
In [33]:  df
```

Out[33]:

	sepal length (cm)	sepal width (cm)	petal length (cm)	petal width (cm)	target
0	5.1	3.5	1.4	0.2	0
1	4.9	3.0	1.4	0.2	0
2	4.7	3.2	1.3	0.2	0
3	4.6	3.1	1.5	0.2	0
4	5.0	3.6	1.4	0.2	0
...	...	...	...	...	...
145	6.7	3.0	5.2	2.3	2
146	6.3	2.5	5.0	1.9	2
147	6.5	3.0	5.2	2.0	2
148	6.2	3.4	5.4	2.3	2
149	5.9	3.0	5.1	1.8	2

150 rows × 5 columns

步骤3：熟悉数据，查看是否有缺失值、异常值。

```
In [34]:  df.info()                        #查看数据是否有空值、各列数据类型

<class 'pandas.core.frame.DataFrame'>
RangeIndex: 150 entries, 0 to 149
Data columns (total 5 columns):
 #   Column             Non-Null Count   Dtype
---  ------             --------------   -----
 0   sepal length (cm)  150 non-null     float64
 1   sepal width (cm)   150 non-null     float64
 2   petal length (cm)  150 non-null     float64
 3   petal width (cm)   150 non-null     float64
 4   target             150 non-null     int32
dtypes: float64(4), int32(1)
memory usage: 5.4 KB
```

```
In [35]:  df.describe()                    #查看数据是否有异常值、数值分布范围
```

Out[35]:

	sepal length (cm)	sepal width (cm)	petal length (cm)	petal width (cm)	target
count	150.000000	150.000000	150.000000	150.000000	150.000000
mean	5.843333	3.057333	3.758000	1.199333	1.000000
std	0.828066	0.435866	1.765298	0.762238	0.819232
min	4.300000	2.000000	1.000000	0.100000	0.000000
25%	5.100000	2.800000	1.600000	0.300000	0.000000
50%	5.800000	3.000000	4.350000	1.300000	1.000000
75%	6.400000	3.300000	5.100000	1.800000	2.000000
max	7.900000	4.400000	6.900000	2.500000	2.000000

　　从以上方法应用结果来看，该数据集非常完整，没有空值，也没有异常值，无须进行相应的清洗处理。同时也了解到各列数值的分布范围。

下面使用DataFrame对象的plot方法绘制各列数值分布的箱形图。该箱形图将各列最小、最大、25%分位、50%分位、75%分位数值绘制在图上，其中箱型下边界为25%分位数，上边界为75%分位数，中部分割边界为50%分位数。相对比表格，这种箱形图更为直观地反映了主要数据的分布特征。

```
In [49]:  df[['sepal length (cm)','sepal width (cm)','petal width (cm)','petal width (cm)']].plot(kind='box',
                 subplots=True, layout=(2,2), sharex=False, sharey=False)
```

```
Out[49]:  sepal length (cm)        AxesSubplot(0.125, 0.536818;0.352273x0.343182)
          sepal width (cm)         AxesSubplot(0.547727, 0.536818;0.352273x0.343182)
          petal width (cm)         AxesSubplot(0.547727, 0.125;0.352273x0.343182)
          dtype: object
```

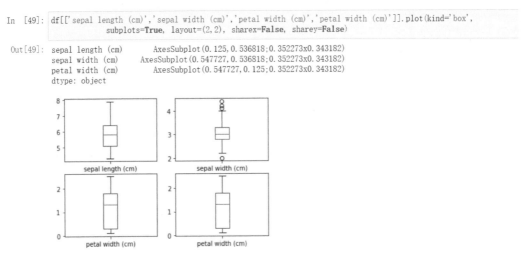

步骤4： 分析各列属性值及与分类值之间的关系。

这里可以使用DataFrame数据对象的corr方法来快速分析各列属性之间的关联程度。

```
In [37]:  df.loc[:,['sepal length (cm)','sepal width (cm)','petal length (cm)','petal width (cm)','target']].corr()
```

Out[37]:

	sepal length (cm)	sepal width (cm)	petal length (cm)	petal width (cm)	target
sepal length (cm)	1.000000	-0.117570	0.871754	0.817941	0.782561
sepal width (cm)	-0.117570	1.000000	-0.428440	-0.366126	-0.426658
petal length (cm)	0.871754	-0.428440	1.000000	0.962865	0.949035
petal width (cm)	0.817941	-0.366126	0.962865	1.000000	0.956547
target	0.782561	-0.426658	0.949035	0.956547	1.000000

从上述分析结果可以看出，各列属性之间的相关性有较大差别。其中sepal length与petal length相关系数达到0.87，petal length与petal width相关系数高达0.96。而对目标类别划分标签而言，target与petal width和petal length相关系数都高达95%左右，而与sepal width相关性最差。

下面可以进一步使用Seaborn绘图库来绘制各属性列之间的相关分析图，如图2-42所示，可以更直观地看出各列属性之间的相关特征。

考虑target为类别划分标签，petal width在类别区分上明显要好于其他属性，而sepal width区分性最差。如果给定一个新的样本要预测其类别时，初步可以依据其petal width属性来判别其类型。

```
In [38]:   import seaborn as sb                          #导入seaborn库
           sb.pairplot(df,hue = 'target')                #调用seaborn库的pairplot函数, 绘制各列相关特征图

Out[38]:   <seaborn.axisgrid.PairGrid at 0x2e34aab7c70>
```

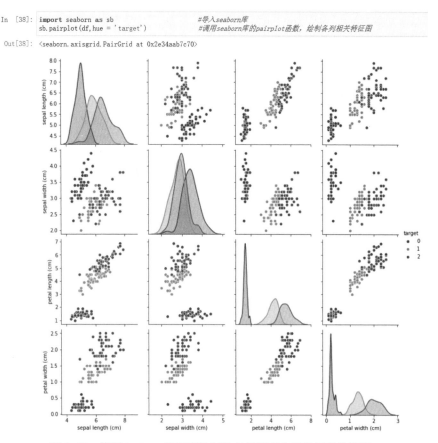

图 2-42　使用 Seaborn 绘图库绘制的各属性列之间的相关分析图

2.3　本章小结

　　本章介绍了荒岛求生数据分析的两柄利器：Excel和Python。Excel是表格数据分析王者之师，而Python在数据分析方面更胜一筹，其可编程特性虽然学习路径陡峭一些，但一旦掌握必备编程基础，必将迎来更为广阔的应用。同时本章使用较多篇幅介绍了Python基础编程知识和数据分析第三方库的基础编程操作，更为详细的操作方法和技巧将在实践篇通过实践案例来讲解。

数据分析实践篇

第3章 荒岛上的食物、淡水来源
——数据源获取

在荒岛上如果要生存下来，首先需要获得足够的食物和水，这是掘金者荒岛生存的基础。所以在荒岛中第一步要寻找食物和水源，想办法获取最基本的生活必需品。若将此过程类比为数据分析，第一步便是获取数据。

数据源是一切数据分析的基础，数据分析前必须获取必要的数据。目前常见的数据源主要包括各类格式的数据文件、数据库、网络资源等。本章主要介绍如何通过Excel和Python来读取不同数据源的数据，通过Excel和Python对比，学习如何获取多种不同形式数据。本章思维导图如下：

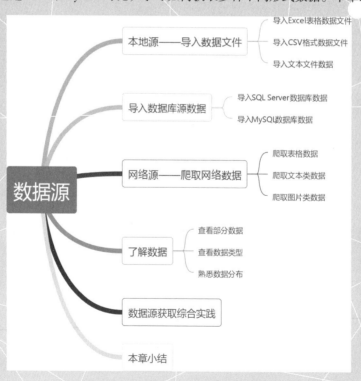

3.1 本地源——导入数据文件

在日常工作或学习中，很多数据都被保存在不同格式的文件中，要获得这些数据就需要导入相应文件。

3.1.1 导入 Excel 表格数据文件

Excel属于常用的表格数据存储工具，许多公司都采用Excel记录公司日常运营数据。在Excel中导入表格文件非常简单，双击打开对应文件即可。在Python中导入Excel表格文件数据可通过调用pandas库的read_excel方法实现。

【案例3-1】导入本地Excel数据表格。

本案例中使用的Excel文件名称为Book.xlsx，该文件中存放了一些图书信息，包括图书的名称、作者、出版社、出版年份等相关信息。读者可以从码云代码托管地址页面下载案例素材加以练习。

※ Excel实现

直接双击Book.xlsx文件即可打开该文件，数据显示如图3-1所示。

	A	B	C	D
1	Title	Author	Press	Year
2	追风筝的人	[美] 卡勒德·胡赛尼	上海人民出版社	2006
3	解忧杂货店	[日] 东野圭吾	南海出版公司	2014
4	小王子	[法] 圣埃克苏佩里	人民文学出版社	2003
5	白夜行	[日] 东野圭吾	南海出版公司	2008
6	活着	余华	作家出版社	2012

图 3-1 图书信息 Book.xlsx 数据内容

※ Python实现

通过调用pandas库的read_excel方法，即可导入Excel文件数据，其语法格式如下：

```
pandas.read_excel( filename )          # filename 为 Excel 文件名
```

在Spyder中输入如下代码，实现读入Book.xlsx文件中的数据：

```
import pandas as pd
df = pd.read_excel("Book.xlsx")
print(df)
```

执行后终端显示结果如下：

	Title	Author	Press	Year
0	追风筝的人	[美] 卡勒德·胡赛尼	上海人民出版社	2006
1	解忧杂货店	[日] 东野圭吾	南海出版公司	2014
2	小王子	[法] 圣埃克苏佩里	人民文学出版社	2003
3	白夜行	[日] 东野圭吾	南海出版公司	2008
4	活着	余华	作家出版社	2012

有些时候需要给定Excel文件所在的完整路径。例如：

```
import pandas as pd
df = pd.read_excel(r"D:\DataAnalysis\Chapter03Data\Book.xlsx")   # 给定文件完整路径
```

由于Excel文件可以包含若干个工作表，在读入Excel文件时默认选择第一个工作表。如果需要指定工作表，则可以通过增加sheet_name参数实现。示例代码参考如下：

```
import pandas as pd
# 读入工作表名为 BookData 中的数据
df = pd.read_excel("D:/DataAnalysis/Chapter03Data/Book.xlsx", sheet_name = "BookData")
```

某些情况下，由于数据源中的数据列过多，而在数据分析时并不需要那么多列，因此可以在导入数据时，通过设定usecols参数指定导入的列。usecols可以是具体的某个数字，也可以是列表形式的多个值，其编号从0开始计数，代码参考如下：

```
import pandas as pd
# 读入工作表名为 BookData 中的数据，但指定仅读入第 1 列和第 3 列的数据
df = pd.read_excel("D:/DataAnalysis/Chapter03Data/Book.xlsx", sheet_name =
"BookData", usecols = [0,2])
```

3.1.2　导入 CSV 格式文件数据

CSV是一种用分隔符分割的文件格式，因为分隔符不一定是逗号，因此也被称为字符分割文件。由于Excel文件在存放巨量数据时会占用极大空间，且读入时也会存在占用极大内存的缺点，因此巨量数据常使用CSV格式。CSV中的常见分隔符包括逗号、空格、制表符等。

在Excel中导入CSV格式文件非常简单，双击打开对应文件即可。在Python中导入CSV格式文件可以通过调用pandas库的read_csv方法实现。

【案例 3-2】导入CSV格式表格数据。

本案例中使用的CSV文件名称为Book.csv，该文件中存储的内容与【案例3-1】中的Book.xlsx相同。

※ Excel实现

直接双击打开Book.csv文件即可，其数据内容与Book.xlsx相同。

※ Python实现

使用pandas库的read_csv方法导入CSV文件数据，其语法格式如下：

```
pandas.read_csv(filename)                  # filename 为 CSV 文件名
```

在Spyder中输入如下代码，实现读入Book.csv文件中的数据：

```
import pandas as pd
df = pd.read_csv("D:/DataAnalysis/Chapter03Data/Book.csv")
```

默认情况下，read_csv方法读取的CSV文件中的数据以逗号分隔。但有时数据并不以逗号分隔，这时就要设定sep参数来指定分隔符。

例如，读入BookSep.csv文件中的数据，数据以分号分隔，代码参考如下：

```
import pandas as pd
# 读入 BookSep.csv 文件，其数据以分号作为分隔符
```

```
df = pd.read_csv("D:/DataAnalysis/Chapter03Data/BookSep.csv", sep = ";")
```

有些情况下如果CSV文件很大，如达到几个GB，一次性导入全部数据会非常占用内存。此时选择性地导入一部分数据，在read_csv方法中设定nrows参数值即可实现，代码参考如下：

```
import pandas as pd
# 读取 Book.csv 文件中的前三行
df = pd.read_csv("D:/DataAnalysis/Chapter03Data/Book.csv", nrows = 3)
```

【案例3-3】导入红葡萄酒质量数据集。

本案例中使用的数据源文件为红葡萄酒质量评分数据，文件名为winequality-red.csv，其中包含非挥发性酸、挥发性酸、柠檬酸等十多个指标对红酒进行评分，数据之间采用分号作为分隔符。

本案例数据可以直接在UCI机器学习数据集网站下载，链接地址为http://archive.ics.uci.edu/ml/datasets/Wine+Quality，同时可以从本书提供的代码托管地址页面下载。

※ Excel实现

由于winequality-red.csv文件是由分号作为分隔符的CSV文件，因此不能通过双击直接在Excel打开，选择【数据】面板中【获取和转换数据】栏的【从文本/CSV】菜单。Excel会自动识别分号作为分隔符，读入后部分数据的显示如图3-2所示。

	A	B	C	D	E	F	G	H	I	J	K	L
1	fixed acidity	volatile acidity	citric acid	residual sugar	chlorides	ree sulfur dioxid	otal sulfur dioxid	density	pH	sulphates	alcohol	quality
2	7	0.27	0.36	20.7	0.045	45	170	1.001	3	0.45	8.8	6
3	6.3	0.3	0.34	1.6	0.049	14	132	0.994	3.3	0.49	9.5	6
4	8.1	0.28	0.4	6.9	0.05	30	97	0.9951	3.26	0.44	10.1	6
5	7.2	0.23	0.32	8.5	0.058	47	186	0.9956	3.19	0.4	9.9	6
6	7.2	0.23	0.32	8.5	0.058	47	186	0.9956	3.19	0.4	9.9	6
7	8.1	0.28	0.4	6.9	0.05	30	97	0.9951	3.26	0.44	10.1	6
8	6.2	0.32	0.16	7	0.045	30	136	0.9949	3.18	0.47	9.6	6
9	7	0.27	0.36	20.7	0.045	45	170	1.001	3	0.45	8.8	6
10	6.3	0.3	0.34	1.6	0.049	14	132	0.994	3.3	0.49	9.5	6
11	8.1	0.22	0.43	1.5	0.044	28	129	0.9938	3.22	0.45	11	6
12	8.1	0.27	0.41	1.45	0.033	11	63	0.9908	2.99	0.56	12	5
13	8.6	0.23	0.4	4.2	0.035	17	109	0.9947	3.14	0.53	9.7	5

图 3-2　红葡萄酒案例数据集部分内容显示

※ Python实现

通过调用pandas库的read_csv方法读取该文件。由于分隔符为分号，因此在读入时需要设定参数sep。这里同时设定了nrows和usecols参数，读入前三行和前三列数据内容，代码参考如下：

```
import pandas as pd
df = pd.read_csv("D:/DataAnalysis/Chapter03Data/winequality-red.csv",
                sep = ";", usecols = [0,1,2], nrows = 3)
print(df)
```

执行后终端显示结果如下：

```
   fixed acidity   volatile acidity   citric acid
0          7.4              0.70          0.00
1          7.8              0.88          0.00
2          7.8              0.76          0.04
```

3.1.3 导入文本文件数据

虽然txt格式的文本文件存放数据并不常用，但在某些特殊情况下仍然被用于存放数据。在Excel中通过菜单操作导入文本文件，在Python中则通过调用pandas库的read_table方法导入文本文件。

【案例3-4】导入文本数据。

本案例中使用的文本文件为Book.txt，该文件中存储的内容与【案例3-1】中的Book.xlsx相同，数据之间采用制表符作为分隔符。

※ Excel实现

步骤1：通过选择【数据】面板中【获取和转换数据】栏的【从文本/CSV】菜单，选择文本文件所在位置，在Excel中导入文本文件。本案例选择打开的文本文件名为Book.txt，如图3-3所示。

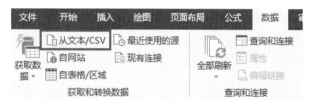

图3-3 导入文本文件菜单

步骤2：选择文本文件后进入分隔符选择界面，Excel会自动识别文本文件的分隔符和文件内容。本案例中的分隔符为制表符，确认数据内容无误后可以单击【加载】按钮，如图3-4所示。

Book.txt

文件原始格式		分隔符		数据类型检测
65001: Unicode (UTF-8)		制表符		基于前 200 行

Title	Author	Press	Year
追风筝的人	[美]卡勒德·胡赛尼	上海人民出版社	2006
解忧杂货店	[日]东野圭吾	南海出版公司	2014
小王子	[法]圣埃克苏佩里	人民文学出版社	2003
白夜行	[日]东野圭吾	南海出版公司	2008
活着	余华	作家出版社	2012

图3-4 选择分隔符

数据加载后会将文本文件中的所有数据导入Excel的工作表中。部分数据的显示效果如图3-5所示。

	A	B	C	D
	Title	Author	Press	Year
	追风筝的人	[美]卡勒德·胡赛尼	上海人民出版社	2006
	解忧杂货店	[日]东野圭吾	南海出版公司	2014
	小王子	[法]圣埃克苏佩里	人民文学出版社	2003
	白夜行	[日]东野圭吾	南海出版公司	2008
	活着	余华	作家出版社	2012
	嫌疑人X的献身	[日]东野圭吾	南海出版公司	2008

图3-5 文本文件加载完成显示结果

※ Python实现

通过调用pandas库的read_table方法导入文本文件，其语法格式如下：

```
pandas.read_table( filename, sep = "\t" )          # sep 为分隔符，默认为制表符
```

在Spyder中输入如下代码，实现读入本案例的Book.txt文件：

```
import pandas as pd
df = pd.read_table("D:/DataAnalysis/Chapter03Data/Book.txt", sep = "\t")
```

执行后终端显示结果如下：

	Title	Author	Press	Year
0	追风筝的人	［美］卡勒德·胡赛尼	上海人民出版社	2006
1	解忧杂货店	［日］东野圭吾	南海出版公司	2014
2	小王子	［法］圣埃克苏佩里	人民文学出版社	2003
3	白夜行	［日］东野圭吾	南海出版公司	2008
4	活着	余华	作家出版社	2012
5	嫌疑人Ｘ的献身	［日］东野圭吾	南海出版公司	2008

3.2 导入数据库源数据

数据库是专门用于存储数据的软件系统。当数据源为数据库时，由于数据库和Excel、Python属于不同类型软件，因此在使用Excel或Python来读取其中数据的时候，都需要使用数据库提供的数据访问接口。在使用时要求输入相应的用户名和密码，常用数据库包括SQL Server数据库和MySQL数据库。

3.2.1 导入 SQL Server 数据库数据

【案例3-5】导入SQL Server数据库数据。

为便于演示和讲解，先将【案例3-1】中图书信息数据存入SQL Server数据库中，并将数据库命名为DataAnalysisBook，数据表名为Book。然后分别使用Excel和Python来读取数据。

※ Excel实现

步骤1：选择【数据】面板中【获取和转换数据】栏的【获取数据】菜单，如图3-6所示。

步骤2：选择【自数据库】中的【从SQL Server数据库】选项，在弹出的连接SQL Server数据库窗口中输入服务器名称和数据库名称，如图3-7所示。

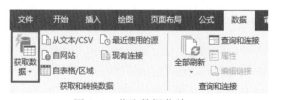

图 3-6 获取数据菜单

图 3-7 设定服务器

步骤3：输入正确的用户名和密码后单击【连接】按钮，如图3-8所示。

图 3-8　设定服务器用户名密码

步骤4：数据库连接成功后会显示数据库导航器，其中左侧树型目录会显示当前数据库中所有数据库表，可以根据需要选择要加载的数据库表。本数据库中只有一个Book表，因此选择Book表加载即可，如图3-9所示。

图 3-9　选择数据库表

加载完成后效果如图3-10所示。

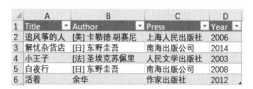

图 3-10　Excel 中导入 SQL Server 数据库数据效果

※ Python实现

Python读取SQL Server数据库，先需要编程实现与SQL Server数据库的连接，然后利用SQL查询语句从数据库中查询数据。

步骤1：安装sqlalchemy第三方库。

Python与SQL Server数据库连接时需要使用sqlalchemy第三方库，因此首先需要使用pip工具下载安装sqlalchemy第三方库。代码参考如下：

```
pip install sqlalchemy
```

步骤2：通过调用sqlalchemy库中的create_engine()方法连接SQL Sever数据库。

需要设定数据库类型、数据库驱动、服务器名称或IP、用户名、密码、数据库名称等多个参数，其语法格式如下：

```
conn = create_engine( db_conn_str )
```

上述方法执行后返回一个连接对象conn，同时db_conn_str参数为数据库连接字符串，其语法格式如下：

```
dialect+driver://username:password@host:port/database
```

各参数含义如下：

- dialect：数据库类型。
- driver：数据库驱动选择。
- username：数据库用户名。
- password：用户密码。
- host：服务器地址。
- port：端口。
- database：数据库名。

在Spyder中输入如下代码，实现连接数据库：

```
from sqlalchemy import create_engine
import pandas as pd
# dialect: mssql
# driver: pymssql
# username: sa
# password: 123
# host: localhost
# database: DataAnalysisBook
conn = create_engine("mssql+pymssql://sa:123@localhost/DataAnalysisBook")
```

步骤3： 通过调用pandas库的read_sql方法实现数据读取，其语法格式如下：

```
pandas.read_sql( sql, con )               # sql 为 SQL 语句，con 为 SQL Server 连接对象
```

步骤4： 完成数据库连接后，调用read_sql方法读取Book数据库表中的数据，其代码参考如下：

```
# SQL 查询语句
sql = "select * from Book"
# 调用 pd 的 read_sql 方法读取数据库中的数据
df = pd.read_sql(sql, conn)
# 打印数据
print(df)
# 断开数据库连接
conn.dispose()
```

上述语句执行后终端显示数据如下：

	Title	Author	Press	Year
0	追风筝的人	[美] 卡勒德·胡赛尼	上海人民出版社	2006
1	解忧杂货店	[日] 东野圭吾	南海出版公司	2014
2	小王子	[法] 圣埃克苏佩里	人民文学出版社	2003
3	白夜行	[日] 东野圭吾	南海出版公司	2008
4	活着	余华	作家出版社	2012

3.2.2 导入 MySQL 数据库数据

【案例3-6】导入MySQL数据库数据。

除了SQL Server数据库，MySQL作为开源数据库也被广泛应用于各种项目之中。使用Excel和Python来读取MySQL数据库中的数据的实现思路和步骤与【案例3-5】完全一致。为了便于演示，先在MySQL数据库中创建数据库和数据表，数据库名为DataAnalysisBook，数据表名为Book，表中内容继续使用图书相关数据。

※ Excel实现

在Excel中连接MySQL数据库需要先从MySQL官网下载MySqlforExcel插件进行安装，安装完成后即可在Excel中连接MySQL数据库。选择【数据】面板中【获取和转换数据】栏的【获取数据】菜单，单击【自数据库】菜单的【从MySQL数据库】选项。其步骤与SQL Server完全一致，只是在输入用户名和密码时与SQL Server略有不同。

※ Python实现

Python与MySQL数据库的连接与SQL Server的连接实现方法类似，只是数据库连接字符串略有不同。数据库连接成功后，可以通过SQL查询语句读取数据库中的数据，通过调用pandas库的read_sql方法实现。

在Spyder中输入如下代码，实现读取本机上MySQL数据库中的图书数据：

```
from sqlalchemy import create_engine
import pandas as pd
conn = create_engine("mysql+pymysql://root:123@localhost/DataAnalysisBook")
# SQL 查询语句
sql = "select * from Book"
# 基于 pandas 获取数据库数据
df = pd.read_sql(sql, conn)
# 断开数据库连接
conn.dispose()
```

3.3 网络源——爬取网络数据

除了从文件和数据库获取数据源以外，获取数据源的另一常用途径就是爬取网络数据。网络中每天会产生大量数据，这些数据具有实时性、种类丰富的特点，对于数据分析而言是非常重要的一类数据来源。

3.3.1 爬取表格数据

网页中经常会使用表格作为呈现数据的方式，因此获取表格数据就成了网络爬取中最常用的获取数据方式。通过Excel和Python都可以很方便地获得网页中的表格数据。

【案例3-7】爬取A股公司净利润排行榜。

中商情报网是专业的产业情报分享云平台，主要提供研究报告、行业分析、市场调研等多种数据。本案例通过爬取中商情报网中A股公司净利润排行榜表格获取相应的金融数据，数据网址为https://s.askci.com/stock/a/?bigIndustryId=ci0000001534#QueryCondition。

在浏览器中打开网页，部分显示内容如图3-11所示。

图3-11　目标网页数据内容样例

※ Excel实现

Excel中通过选择【数据】面板中【获取和转换数据】栏的【自网站】菜单爬取网页中的表格数据，如图3-12所示。

图3-12　从网站获取数据菜单

在"从Web"窗口的URL输入框里输入要爬取的网页地址，如图3-13所示。

图3-13　输入网页地址

单击【确定】按钮，Excel会与所填写的网页地址进行连接，然后进入"导航器"窗口，解析获得该网页上所有的表格，如图3-14所示。

图3-14　选择解析后网页中的表格

选择其中的Table1，单击【加载】按钮将数据导入Excel中，部分数据显示如图3-15所示。

	A	B	C	D
1	排名	股票代码	企业简称	净利润（亿元）
2	1	601398	工商银行	3122.24
3	2	601939	建设银行	2667.33
4	3	601288	农业银行	2120.98
5	4	601988	中国银行	1874.05

图 3-15　Excel 爬取网页表格数据效果

※ Python实现

通过调用pandas库的read_html方法爬取网页中的表格数据，其语法格式如下：

```
pandas.read_html( url )                    # url 为目标网页地址
```

该方法可以爬取目标网页中所有表格。如果只需要其中某一个表格，则需要给出该表格位置索引。在Spyder中输入如下代码：

```
import pandas as pd
# 爬取的网络地址 url
url = "https://s.askci.com/stock/a/?bigIndustryId=ci0000001534#QueryCondition"
# A 股公司净利润排行榜位于所有表格的第二个，索引为 1
df = pd.read_html(url)[1]
print(df)
```

上述代码执行后终端显示的部分内容如下：

```
           0           1           2              3
0        排名       股票代码      企业简称      净利润（亿元）
1         1       601398      工商银行        3122.24
2         2       601939      建设银行        2667.33
3         3       601288      农业银行        2120.98
4         4       601988      中国银行        1874.05
```

3.3.2　爬取文本类数据

网络中文本也是一类非常重要的数据，如各类新闻头条、微博短文、微信公众号文章等。因此除了表格型数值数据外，许多时候数据分析领域还会涉及文本数据，而这类数据的来源更多是网络，因此网络爬虫显得非常重要。这部分任务Excel无法完成，因此重点介绍一下Python网络爬虫爬取文本类数据的过程。

【案例3-8】爬取豆瓣读书Top250的图书书名。

豆瓣网根据图书评分排名评选出了豆瓣网中的Top250的图书榜单，部分内容显示如图3-16所示。

图 3-16　豆瓣网 Top250 图书榜单网页部分内容显示

下面使用Python网络爬虫来获取这些榜单图书的书名信息。

※ Python实现

Python在进行网络爬取时需要使用BeautifulSoup库和requests库。在Spyder中输入如下代码，完成书名信息的爬取：

```python
from bs4 import BeautifulSoup
import requests
# 设置 header，让服务器识别为浏览器发来的请求
header = {
    'User-Agent': 'Mozilla/5.0 (Windows NT 10.0; Win64; x64) AppleWebKit/537.36
(KHTML, like Gecko) Chrome/77.0.3865.120 Safari/537.36',
}
# 豆瓣读书 Top250 页面的网址
url = "https://book.douban.com/top250?start=1"
# 向豆瓣读书页面发送请求
re = requests.get(url,headers=header)
# 对获取的页面进行解析
soup = BeautifulSoup(re.text,'lxml')
# 获取页面中的图书标题内容的 HTML 标记
titles = soup.select('div.pl2 > a')
booktitles = []
# 提取 HTML 标记中的书名，并存入 booktitles 列表中
for title in titles:
    title = title.text.strip().replace("\n","").replace(" ","")
    booktitles.append(title)
```

3.3.3　爬取图片类数据

在网络爬取时，不仅可以获得文本数据，同样还可以获得网络中的图片，并将这些图片下载

到本地。这部分任务Excel是无法完成的，因此直接介绍Python实现过程。

【案例3-9】爬取豆瓣读书Top250的书籍图片。

在【案例3-8】中，通过Python网络爬虫已经获得了豆瓣读书Top250的图书书名。本案例中将继续使用相同的爬虫步骤，目标则设定为Top250书籍的图片。

※ Python实现

在Spyder中输入如下代码，实现爬取豆瓣读书Top250的图书图片：

```python
import requests
from bs4 import BeautifulSoup
import urllib.request
# 设置 header，让服务器识别为浏览器发来的请求
header = {
    'User-Agent': 'Mozilla/5.0 (Windows NT 10.0; Win64; x64) AppleWebKit/537.36
(KHTML, like Gecko) Chrome/77.0.3865.120 Safari/537.36',
}
# 豆瓣读书 Top250 页面的网址
url = "https://book.douban.com/top250?start=1"
# 向豆瓣读书页面发送请求
re = requests.get(url,headers=header)
# 对获取的页面进行解析
soup = BeautifulSoup(re.text,'lxml')
# 获取页面中的图书标题内容和图片的 HTML 标记
titles = soup.select('div.pl2 > a')
imgs = soup.select('a.nbg img')
# 提取 HTML 标记中的书名，并将下载的图片更名为书名
for title,img in zip(titles,imgs):
    title = title.text.strip().replace("\n","").replace(" ","").replace(":","")
    urllib.request.urlretrieve(img.get('src'), "D:/imgs/" + title + ".jpg")
```

上述代码执行后，图片就被下载到D盘的imgs文件夹中，部分显示图片如图3-17所示。

图 3-17　爬虫获取的部分书籍图片

3.4　了解数据

从不同数据源获取原始数据之后，在进行数据分析之前，需要对获取的数据进行充分了解，才能保证之后进行的数据分析准确无误。

3.4.1　查看部分数据

当数据源中包含的数据量较大，且数据行数过多时，可以选择不显示所有数据，而是只查看其中的前几行数据，通过前几行数据确定读取的数据项是否完整。

【案例3-10】查看红葡萄酒质量数据集的部分数据。

本案例使用【案例3-3】中红葡萄酒质量数据集文件。由于Excel仅需打开文件就可以看到数据，在此不再赘述。下面重点介绍Python查看数据的方法。

※ Python实现

在Python中，加载文件后会存放至DataFrame中，因此可以通过调用pandas库的head方法指定显示的行数，只需设定行数参数，默认情况下显示前5行数据。如果要查看数据尾部记录，则使用tail方法，默认显示后5行数据。

在Spyder中输入如下代码：

```
import pandas as pd
df = pd.read_csv("D:/DataAnalysis/Chapter03Data/winequality-red.csv", sep = ";")
print(df.head(3))                    # 显示前 3 行数据
```

执行后终端显示结果如下：

```
     fixed acidity    volatile acidity   citric acid   ...     sulphates   alcohol
quality
0        7.4              0.70               0.00       ...       0.56         9.4        5
1        7.8              0.88               0.00       ...       0.68         9.8        5
2        7.8              0.76               0.04       ...       0.65         9.8        5
```

还可以通过调用shape方法查看当前数据包含的行列数，进一步了解数据结构。

```
print(df.shape)
(1599, 12)
```

从显示结果可以看出当前数据包含1599行和12列（不包含行索引和列索引），说明当前数据中有1599行，12个特征项。

在实际使用过程中，如果数据集行数超过100万行，Excel则无法完全加载。在这种情况下，pandas库的head方法和tail方法就显得非常高效，能够很快预览前5行和后5行数据。

3.4.2　查看数据类型

在了解数据结构后，还需要了解一下各列数据的数据类型，因为针对不同的数据类型分析的方法和思路都不尽相同。

【案例3-11】查看红葡萄酒质量数据集的数据类型。

※ Excel实现

Excel可以自动识别数据集各列的数据类型。在Power Query中导入winequality-red.csv红葡萄酒质量数据集，选中要查看的某一列，在转换菜单栏中就可以看到该列的数据类型。

※ Python实现

通过调用DataFrame数据对象的info方法查看数据类型。代码参考如下：

```
import pandas as pd
df = pd.read_csv("D:/DataAnalysis/Chapter03Data/winequality-red.csv", sep = ";")
print(df.info())
```

执行后终端显示结果如下：

```
<class 'pandas.core.frame.DataFrame'>
RangeIndex: 1599 entries, 0 to 1598
Data columns (total 12 columns):
fixed acidity          1599 non-null float64
volatile acidity       1599 non-null float64
citric acid            1599 non-null float64
residual sugar         1599 non-null float64
chlorides              1599 non-null float64
free sulfur dioxide    1599 non-null float64
total sulfur dioxide   1599 non-null float64
density                1599 non-null float64
pH                     1599 non-null float64
sulphates              1599 non-null float64
alcohol                1599 non-null float64
quality                1599 non-null int64
dtypes: float64(11), int64(1)
memory usage: 150.0 KB
```

从显示结果可以看出，数据共有1599行，12列，除最后一列数据类型为int64，其余列数据类型均为float64。Python中获得的列数据类型与Excel略有不同。

3.4.3 熟悉数据分布

数据分布情况主要是对数据进行简单统计，了解数据整体状况和数据数值分布范围。通过获得几个简单的统计值就可以了解整体数据的集中趋势和离散程度。

【案例3-12】查看红葡萄酒质量数据集的数据分布。

扫一扫,看视频讲解

※ Excel实现

在Excel中选择某一列可以获得该列的平均值、计数、求和这三个统计信息。

※ Python实现

通过调用DataFrame数据对象的describe方法快速获得数值统计信息，包括每一列的数量、平均值、标准差、最值等统计信息。代码参考如下：

```
import pandas as pd
df = pd.read_csv("D:/DataAnalysis/Chapter03Data/winequality-red.csv", sep = ";")
print(df.describe())
```

执行后终端显示结果如下：

	fixed acidity	volatile acidity	...	alcohol	quality
count	1599.000000	1599.000000	...	1599.000000	1599.000000
mean	8.319637	0.527821	...	10.422983	5.636023
std	1.741096	0.179060	...	1.065668	0.807569
min	4.600000	0.120000	...	8.400000	3.000000
25%	7.100000	0.390000	...	9.500000	5.000000
50%	7.900000	0.520000	...	10.200000	6.000000
75%	9.200000	0.640000	...	11.100000	6.000000
max	15.900000	1.580000	...	14.900000	8.000000

3.5 数据源获取综合实践

至此，已经学习了如何获取数据及如何对数据进行简单统计。下面通过一个综合案例进一步巩固导入数据源的相关知识。

【案例3-13】数据获取和熟悉数据综合实例。

从中商情报网中爬取2012年2月到2020年6月纺织行业经济指标数据，目标网页地址为https://s.askci.com/data/economy/00012/。显示内容如图3-18所示。

图3-18 中商情报网纺织行业经济指标数据网页截图

下面介绍使用Excel和Python两种工具来爬取数据并对其进行简单统计分析。

※ Excel实现

在Excel中【自网站】菜单输入网页地址后，选择表格数据加载到Excel工作表。部分数据的显示如图3-19所示。

	A	B	C	D
1	类别年份	企业数量（个）	亏损企业数（个）	亏损总额（亿元）
2	202008	18120	5246	145.4
3	202007	18059	5409	132.3
4	202006	17958	5676	117.6
5	202005	17843	5589	99.7
6	202004	17844	5840	82.9

图 3-19　Excel 爬取目标数据加载效果

当选中所有数据后，就能了解数据的结构，如行数、列数。同时如果选中某一列，底部也会显示该列数据的简单统计信息，如计数、求和、平均值等。

※ Python实现

打开Spyder，新建一个Python文件并命名为Chapter3-example.py，然后按步骤输入代码。

步骤1：从相应网页中爬取经济指标数据，并将数据存储在DataFrame中。

```python
import pandas as pd
# 爬取的网页地址
url = "https://s.askci.com/data/economy/00012/"
# 纺织行业经济指标数据位于所有表格的第一个，下标为 0
df = pd.read_html(url)[0]
print(df.head(4))
```

执行后终端显示结果如下：

```
          0            1            2              3
0    类别年份     企业数量（个）    亏损企业数（个）    亏损总额（亿元）
1    202006      17958        5676           117.6
2    202005      17843        5589           99.7
3    202004      17844        5840           82.9
```

步骤2：调用df对象的info方法，获得每列数据的数据类型及行数与列数的信息。

```python
print(df.info())
```

执行后终端显示结果如下：

```
<class 'pandas.core.frame.DataFrame'>
RangeIndex: 94 entries, 0 to 93
Data columns (total 9 columns):
0    94 non-null object
1    94 non-null object
2    94 non-null object
3    94 non-null object
4    94 non-null object
5    94 non-null object
6    94 non-null object
7    94 non-null object
8    94 non-null object
dtypes: object(9)
```

```
memory usage: 6.7+ KB
```

步骤3：调用df对象的describe方法，完成各数据列的数值统计分布。

```
print(df.describe())
```

执行后终端显示结果如下：

	0	1	2	3	4	5	6	7	8
count	94	94	94	94	94	94	94	94	94
unique	94	88	94	92	89	94	72	94	80
top	201406	20019	2594	67.2	-5.9	3524.2	1.4	1423.1	1.3
freq	1	3	1	2	2	1	4	1	3

3.6　本章小结

　　本章对数据分析中不同的数据获取方法进行了介绍，包括获取文件中的数据、数据库中的数据、网页中的数据等从多种数据源中获取数据的方法。两种数据分析工具Excel和Python都具有强大而完备的数据获取能力，其中Python可以通过编程获取更多格式的数据，如文本、图片和视频等。

第4章 荒岛食物去毒、淡水净化
——数据预处理

在荒岛中找到了食物和水之后并不能立即食用，因为并不知道这些食物和水是否干净卫生，因此在食用之前要对食物进行去毒，对水进行净化，否则吃了或喝了不干净的食物和水可能会引发疾病，甚至危及生命。

同样在获得了数据源数据后，也不能立刻开始数据分析，还要对数据进行预处理，对数据中的缺失数据、重复数据和异常数据进行相应处理，也称为数据清洗。数据预处理可以减少这些问题数据对数据分析带来的影响。本章思维导图如下：

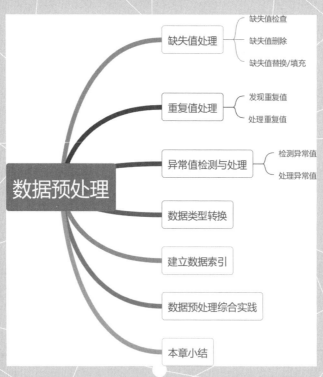

4.1　缺失值处理

数据中某些数据缺少时称为缺失值，对于缺失值一般采用两种处理方式：一种是将含有缺失值的数据删除；另一种是用一个特定的数据替换缺失值。具体使用哪种方式要根据数据的具体情况确定，不能一概而论。

4.1.1　缺失值检查

在对缺失值进行处理之前，首先需要检查数据中缺失值的分布以及确认哪些是缺失值。

【案例4-1】检查北京PM10数据集中缺失值。

本案例使用北京2020年2月18日PM10部分观测点数据作为数据源，文件名称为BJPM10.csv，案例数据可以从本书提供的代码托管地址页面下载。

扫一扫，看视频讲解

部分数据内容显示如图4-1所示，很明显数据中有部分观测点数据值缺失。

date	hour	官园	奥体中心	农展馆	万柳	北部新区
20200218	0	29		20	28	44
20200218	1	28	29	28	26	24
20200218	2	23	32		28	27
20200218	3	27	19	27	34	
20200218	4	16			28	
20200218	5		13		26	24

图 4-1　案例部分数据预览

※ Excel实现

缺失数据在Excel单元格中内容为空，当数据量较小时可以直接观察到缺失数据。当数据量较大时，可以通过比较数据列的数据个数来判断是否存在缺失值。

在各观测点完整数据应有25项，"农展馆"列有17项，可以推断该列有8个缺失数据，如图4-2所示。

	A	B	C	D	E	F	G
1	date	hour	官园	奥体中心	农展馆	万柳	北部新区
2	20200218	0	29		20	28	44
3	20200218	1	28	29	28	26	24
4	20200218	2	23	32		28	27
5	20200218	3	27	19	27	34	

BJPM10

平均值: 26.0625　计数: 17　求和: 417

图 4-2　Excel查看数据缺失值个数案例

如果想查看每一列是否存在缺失数据，只能通过每一列单击查看，比较烦琐。如果数据量较大，不能直接找到所有缺失值，可以使用Excel的定位条件功能辅助查找缺失值，通过选择【开始】面板中【编辑】栏的【查找和选择】菜单中的【定位条件】，在【定位条件】窗口中选择"空值"，如图4-3所示。

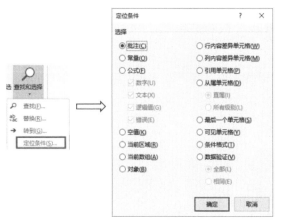

图 4-3　定位条件菜单

在【定位条件】窗口中单击【确定】按钮，将数据表中的所有空值变为选中状态，部分数据如图4-4所示。

	A	B	C	D	E	F	G
1	date	hour	官园	奥体中心	农展馆	万柳	北部新区
2	20200218	0	29			20	28	44
3	20200218	1	28	29	28	26		24
4	20200218	2	23	32			28		27
5	20200218	3	27		19	27	34	
6	20200218	4	16				28	

图 4-4　显示数据中缺失值案例

※ Python实现

在Python中缺失值使用NaN表示，通过调用DataFrame数据对象的info方法可以查看DataFrame中每列的缺失值情况。

在Spyder中输入如下代码，实现读入BJPM10.csv中的所有数据并查看每列的数据情况：

```
import pandas as pd
df = pd.read_csv("D:/DataAnalysis/Chapter04Data/BJPM10.csv")
print(df.info())
```

执行后终端显示结果如下：

```
RangeIndex: 24 entries, 0 to 23
Data columns (total 7 columns):
date        24 non-null int64
hour        24 non-null int64
官园          22 non-null float64
奥体中心        22 non-null float64
农展馆         16 non-null float64
万柳          20 non-null float64
北部新区        20 non-null float64
dtypes: float64(5), int64(2)
```

82

从显示结果可以看出，数据共有24行7列，其中"官园"列缺失2个数据，"奥体中心"列缺失2个数据，其他列也可以看出缺失的数量。

还可以调用DataFrame数据对象的isnull方法判断哪些值是缺失值，如果是缺失值则返回True，否则返回False。同时结合sum方法可以检测出数据中缺失值的分布以及数量。

查看当前数据中每一列的缺失值数量，代码参考如下：

```
print(df.isnull().sum())
```

执行后终端显示结果如下：

```
date            0
hour            0
官园              2
奥体中心           2
农展馆            8
万柳              4
北部新区           4
```

4.1.2　缺失值删除

当数据中存在缺失值时，可以将该数据所在行删除，或将所在列删除，删除数据所在行是较为简单的缺失值处理方法，而删除列可能会对数据分析造成一定影响。

【案例4-2】删除北京PM10数据集中缺失值。

在【案例4-1】中，已经查找出数据中的缺失值，本案例将对缺失值分别进行删除行和删除列的操作。

※ Excel实现

步骤1： 选择【开始】面板中【编辑】栏的【查找和选择】菜单中的【定位条件】，选中所有的缺失值单元格。

步骤2： 右击在弹出菜单中选择【删除】命令，弹出【删除】窗口，从中选择删除方式，可以删除整行，也可以删除整列。

※ Python实现

通过调用DataFrame数据对象的dropna方法可以删除缺失值，其语法格式如下：

```
pandas.DataFrame.dropna( axis=0, how='any', inplace=False )
```

how参数用于指定删除缺失值的方式。当how='any'时，只要一行中存在缺失值则删除该行。当how='all'时，则必须一行中所有值均为NaN（即一整行为空）才删除该行。

对DataFrame进行修改时，默认会返回修改后数据的复制，如果要在源数据上直接修改，则需要设定inplace参数值为True，否则源数据不会发生变化。后面讲到的很多方法都要在参数中设定inplace值为True。

在Spyder中输入如下代码，实现读取CSV文件中的数据，并显示前4行：

```
import pandas as pd
df = pd.read_csv("D:/DataAnalysis/Chapter04Data/BJPM10.csv")
```

```
print(df.head(4))    # 只显示前 4 行数据
```

执行后终端显示结果如下：

	date	hour	官园	奥体中心	农展馆	万柳	北部新区
0	20200218	0	29.0	NaN	20.0	28.0	44.0
1	20200218	1	28.0	29.0	28.0	26.0	24.0
2	20200218	2	23.0	32.0	NaN	28.0	27.0
3	20200218	3	27.0	19.0	27.0	34.0	NaN

然后使用dropna方法，将how参数设定为any来删除缺失数据所在行。

```
df.dropna(how = "any", inplace = True)
print(df.head(4))
```

执行后终端显示结果如下，可以看出含有NaN数据的行已经被删除：

	date	hour	官园	奥体中心	农展馆	万柳	北部新区
1	20200218	1	28.0	29.0	28.0	26.0	24.0
7	20200218	7	18.0	13.0	13.0	23.0	20.0
8	20200218	8	24.0	16.0	19.0	23.0	25.0
15	20200218	15	27.0	26.0	19.0	17.0	16.0

dropna方法中axis参数用来指定删除缺失值所在行或列，当axis值为0时，则删除缺失值所在行；当axis值为1时，则删除缺失值所在列。

例如，将案例中缺失数据所在列数据删除，可输入如下代码：

```
df.dropna(axis = 1, how = "any", inplace = True)    # 删除列数据
# 查看前 4 行数据
print(df.head(4))
```

执行后终端显示结果如下：

	date	hour
0	20200218	0
1	20200218	1
2	20200218	2
3	20200218	3

从结果可以看出由于最后5列数据中均含有NaN数据，因此最后5列均被删除，仅剩余前2列。

4.1.3 缺失值替换 / 填充

删除缺失值是通过减少数据量来换取数据完整性的一种方法，是缺失值处理中最简单的一种方法。但为了保证数据完整性，也会采取替换缺失值或填充缺失值的方式。

【案例4-3】替换北京PM10数据集中缺失值。

本案例对【案例4-1】中查找出的缺失值进行替换，在进行替换时可以采用固定值替换，也可以采用均值、中位数和众数等统计数据替换缺失值，后者可以尽量保证数据的一致性。

※ Excel实现

通过【定位条件】功能找到缺失值单元格的位置后，在第一个缺失值单元格中输入要替换的数据，本案例中使用0进行替换，输入后按Ctrl+Enter键即可将所有缺失单元格数据替换为0，如图4-5所示。

	A	B	C	D	E	F	G
1	date	hour	官园	奥体中心	农展馆	万柳	北部新区
2	20200218	0	29	0	20	28	44
3	20200218	1	28	29	28	26	24
4	20200218	2	23	32	0	28	27
5	20200218	3	27	19	27	34	0
6	20200218	4	16	0	0	28	0

图4-5 替换缺失值为0案例

※ Python实现

通过调用DataFrame数据对象的fillna方法实现对缺失值进行替换，其语法格式如下：

```
pandas.DataFrame.fillna( value, inplace=False )
```

在Spyder中输入如下代码，将缺失值替换为0：

```
import pandas as pd
df = pd.read_csv("D:/DataAnalysis/Chapter04Data/BJPM10.csv")
df.fillna(0, inplace = True)
print(df.head(4))
```

执行后终端显示结果如下，其中源数据中的NaN值被替换为0：

```
      date  hour   官园  奥体中心   农展馆    万柳   北部新区
0  20200218     0  29.0   0.0  20.0  28.0   44.0
1  20200218     1  28.0  29.0  28.0  26.0   24.0
2  20200218     2  23.0  32.0   0.0  28.0   27.0
3  20200218     3  27.0  19.0  27.0  34.0    0.0
```

默认情况下fillna方法会将所有列中的缺失值替换为指定值，如果需要对指定列进行替换，则可以通过设定参数value来实现，将其值设定为列名即可。

例如，要将"奥体中心"列中的缺失值替换为0，可构建一个字典:{"奥体中心":0}，然后增加到fillna方法中，如下代码：

```
import pandas as pd
df = pd.read_csv("D:/DataAnalysis/Chapter04Data/BJPM10.csv")
#将"奥体中心"列中的NaN值替换为0
df.fillna({"奥体中心":0}, inplace = True)
print(df.head(4))
```

执行后终端显示结果如下，其中"奥体中心"列中的NaN值被替换为0，其他列未被替换：

```
      date  hour   官园  奥体中心   农展馆    万柳   北部新区
0  20200218     0  29.0   0.0  20.0  28.0   44.0
1  20200218     1  28.0  29.0  28.0  26.0   24.0
2  20200218     2  23.0  32.0   NaN  28.0   27.0
3  20200218     3  27.0  19.0  27.0  34.0    NaN
```

【案例4-4】 填充北京PM10数据集中缺失值。

有些时候使用固定值替换可能会影响后续的数据分析结果，因此也可以使用数据集中的某些值进行替换。例如，使用缺失值所在位置的上一行数据或后一列数据替换，把这一过程叫作缺失值填充，不同于替换，填充使用的是非固定数据。

※ Excel实现

通过【定位条件】功能找到缺失值单元格的位置后，在第一个缺失值的单元格中输入"="号，单击空值的下一行单元格，按Ctrl+Enter键即可将所有缺失单元格进行填充。缺失值被填充为其下一行单元格的值，填充后如图4-6所示。

▲	A	B	C	D	E	F	G
1	date	hour	官园	奥体中心	农展馆	万柳	北部新区
2	20200218	0	29	29	20	28	44
3	20200218	1	28	29	28	26	24
4	20200218	2	23	32	27	28	27
5	20200218	3	27	19	27	34	24
6	20200218	4	16	13	13	28	24

图 4-6　替换缺失值为其下一行单元格的值

※ Python实现

通过调用DataFrame数据对象的fillna方法实现缺失值填充，需要增加method参数来指定缺失值的填充方式，method参数的可选值如下：

- pad / ffill：用前面行/列的值填充当前行/列的空值。
- backfill / bfill：用后面行/列的值填充当前行/列的空值。

本案例选择使用缺失值的下一行数据进行填充，此时将fillna中的method参数设置为backfill，如下代码：

```python
import pandas as pd
df = pd.read_csv("D:/DataAnalysis/Chapter04Data/BJPM10.csv")
# 使用缺失值的下一行数值填充
df.fillna(method = "backfill", inplace = True)
print(df.head(4))
```

执行后终端显示结果如下：

```
        date   hour     官园    奥体中心    农展馆     万柳    北部新区
0   20200218     0     29.0     29.0     20.0     28.0     44.0
1   20200218     1     28.0     29.0     28.0     26.0     24.0
2   20200218     2     23.0     32.0     27.0     28.0     27.0
3   20200218     3     27.0     19.0     27.0     34.0     24.0
```

4.2　重复值处理

处理重复数据是数据分析中经常面对的问题之一，重复数据就是一个或多个列中的某几条记录完全相同。对于重复数据一般采用删除记录的方法，但有些时候也要对重复数据进行原因分析，避免删除后对数据分析造成不良影响。

4.2.1 发现重复值

在进行重复值删除之前需要先检查数据中的重复值，确定重复数据的位置以及有哪些重复值。

【案例4-5】找出考勤打卡数据集中重复数据。

本案例中使用的数据是某公司的考勤打卡数据，文件名称为Daily.xlsx。由于员工在进入公司打卡时可能会重复打卡，因此会出现某一天中同一员工有多条打卡数据的情况，现需要找出这些重复数据。该案例数据可以从本书提供的代码托管地址页面下载。

数据部分内容显示如图4-7所示。

人员编号	姓名	刷卡日期	刷卡时间
100122	周鹏程	2020/6/12	7:50:16
100147	温昊妍	2020/6/12	7:50:18
100147	温昊妍	2020/6/12	7:50:25
100147	温昊妍	2020/6/12	7:50:37
100109	万琪	2020/6/12	7:51:11
100139	郑聪瑶	2020/6/12	7:52:49
100129	张娜	2020/6/12	7:52:53

图4-7 案例数据部分内容显示

※ Excel实现

步骤1：选中所有数据，选择【开始】面板中【样式】栏的【条件格式】菜单，单击【突出显示单元格规则】的【重复值】子菜单，在弹出的【重复值】窗口中设置重复值显示颜色，如图4-8所示。

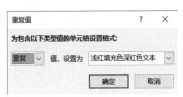

图4-8 重复值窗口设定

步骤2：单击【确定】按钮，数据中所有的重复值都会通过设定颜色突出显示。本案例中每个员工的人员编号是唯一的，因此只需查看人员编号中的重复值，从结果可以看出人员编号100147重复打卡3次，如图4-9所示。

	A	B	C	D
1	人员编号	姓名	刷卡日期	刷卡时间
2	100122	周鹏程	2020/6/12	7:50:16
3	100147	温昊妍	2020/6/12	7:50:18
4	100147	温昊妍	2020/6/12	7:50:25
5	100147	温昊妍	2020/6/12	7:50:37
6	100109	万琪	2020/6/12	7:51:11

图4-9 显示重复值案例效果

※ Python实现

通过调用DataFrame数据对象的value_counts方法统计DataFrame中某一列数据的非重复数据出现次数，通过比较次数确定重复数据。

打开Spyder输入如下代码，实现统计人员编号列中的不同数据出现次数：

```
import pandas as pd
df = pd.read_excel("D:/DataAnalysis/Chapter04Data/Daily.xlsx")
# 统计 "人员编号" 列中每个编号出现的次数
print(df[" 人员编号 "].value_counts())
```

执行后终端显示部分结果如下：

```
100147    3
100179    1
100129    1
```

通过结果可以看出人员编号列中100147出现了3次，其他编号只出现了1次，可以确定这个编号即为重复数据。

4.2.2　处理重复值

确定重复数据后，为了保证数据分析的正确性，需要时重复数据进行处理，减少干扰，一般处理方式为删除重复数据。

【案例4-6】删除考勤打卡数据集中重复数据。

在【案例4-5】中已经查找到考勤数据中所有重复数据，下一步将删除这些数据。

※ Excel实现

选择【数据】面板中【数据工具】栏的【删除重复值】菜单将重复数据删除，如图4-10所示。

图 4-10　删除重复值菜单

默认情况下，只有两行数据的值全部相等，即两行数据完全相同，才会被认定为重复值并将其删除。

在本案例中考勤数据共有4个字段，分别为人员编号、姓名、刷卡日期、刷卡时间。而实际应用中只要比对"人员编号"列中的数据，即如果"人员编号"列中包含重复数据则删除该行数据。因此需要在删除重复值窗口中指定"人员编号"列，如图4-11所示。

图 4-11　选择重复值所在列

重复数据删除后，会弹出确认窗口提示删除的重复数据个数，如图4-12所示。

图4-12 删除结果提示

最终仅保留一条100147的打卡记录。删除前后数据对比如图4-13所示。

人员编号	姓名	刷卡日期	刷卡时间
100122	周鹏程	2020/6/12	7:50:16
100147	温昊妍	2020/6/12	7:50:18
100147	温昊妍	2020/6/12	7:50:25
100147	温昊妍	2020/6/12	7:50:37
100109	万琪	2020/6/12	7:51:11

人员编号	姓名	刷卡日期	刷卡时间
100122	周鹏程	2020/6/12	7:50:16
100147	温昊妍	2020/6/12	7:50:18
100109	万琪	2020/6/12	7:51:11

图4-13 删除前后数据比对

※ Python实现

通过调用DataFrame数据对象的drop_duplicates方法删除DataFrame中的重复数据，其语法格式如下：

```
# subset 为查找重复值的列
# keep 参数为保留重复值数据的方式
pandas.DataFrame.drop_duplicates( subset=None, keep='first', inplace=False )
```

默认情况下，只有两行数据完全相同才会被认为是重复值。但本案例中只要"人员编号"列中存在重复值即删除该行数据，因此设定subset参数指定查找重复值的列名，如下代码：

```
import pandas as pd
df = pd.read_excel("D:/DataAnalysis/Chapter04Data/Daily.xlsx")
# 指定从 "人员编号" 列中查找重复项删除
df.drop_duplicates(subset = " 人员编号 ", inplace = True)
print(df.head(4))
```

执行后终端显示结果如下：

```
   人员编号    姓名      刷卡日期          刷卡时间
0   122   周鹏程   2020-06-12      07:50:16
1   147   温昊妍   2020-06-12      07:50:18
4   109   万琪    2020-06-12      07:51:11
5   139   郑聪瑶   2020-06-12      07:52:49
```

默认情况下drop_duplicates方法会保留重复数据中的第一行数据，如果想保留最后一行数据，可以设定keep参数值为last。当keep参数值为False时则删除所有重复值。

```
import pandas as pd
df = pd.read_excel("D:/DataAnalysis/Chapter04Data/Daily.xlsx")
# 保留最后一行数据
```

```
df.drop_duplicates(subset = " 人员编号 ",keep = "last", inplace = True)
print(df.head(4))
```

执行后终端显示结果如下：

0	122	周鹏程	2020-06-12	07:50:16
3	147	温昊妍	2020-06-12	07:50:37
4	109	万琪	2020-06-12	07:51:11
5	139	郑聪瑶	2020-06-12	07:52:49

4.3 异常值检测与处理

异常值是指数据中个别数据明显偏离其余数据，也被称为离群值。分析数据时如果存在异常值则会对分析结果产生不良影响，从而导致分析结果出现偏差甚至错误。例如，学生成绩的负分或者年龄的超大值，都属于异常值。

4.3.1 检测异常值

异常值检测是指找出数据中是否存在录入错误或不合常理的数据。

【案例4-7】检测邮政编码数据集中异常值。

本案例使用北京市部分区域的邮政编码数据，文件名称为Zipcode.xlsx，其中有些邮政编码由于录入错误导致缺少一位或多了一位，案例中将找出这些异常值。该案例数据可以从本书提供的代码托管地址页面下载。

部分数据显示如图4-14所示。

区域	邮政编码
新建胡同	100031
西直门外	1000144
上地六街	100085
远大路	10097
还珠园	100068
农展北路	100026
德胜门外	100029

图 4-14 北京地区邮政编码数据显示样例

※ Excel实现

本案例中北京市的邮编范围为100000~109999，因此小于100000或大于109999的数字均为异常值。通过设定筛选条件将不符合条件的数据筛选并显示出来。

步骤1： 选择【开始】面板中【编辑】栏的【排序和筛选】菜单中【筛选】子菜单，将数据变为筛选状态，单击"邮政编码"列标题，选择【数字筛选】菜单中【自定义筛选】，如图4-15所示。

步骤2： 在弹出的【自定义自动筛选方式】窗口中填入筛选条件，如图4-16所示。

经过筛选会显示出不符合北京邮政编码规则的所有数据，如图4-17所示。

图 4-15　数字筛选菜单　　　图 4-16　设定筛选条件　　　图 4-17　筛选结果

※ Python实现

通过对DataFrame数据对象设定筛选条件将不符合规则的数据筛选出来，设定条件与Excel中相同。在Spyder中输入如下代码：

```
import pandas as pd
df = pd.read_excel("D:/DataAnalysis/Chapter04Data/Zipcode.xlsx")
# 设定邮政编码筛选条件，将筛选出的数据存入 df_outliers 中
df_outliers = df[(df["邮政编码"]<100000) | (df["邮政编码"]>109999)]
print(df_outliers.head(4))
```

执行后终端显示结果如下：

	区域	邮政编码
1	西直门外	1000144
3	远大路	10097

还可以通过调用describe方法查看数据的统计信息来确定异常值，在此就不再演示。

4.3.2　处理异常值

在找到异常值后需要对这些异常数据进行处理，常见的处理方法有三种。

- 删除：删除包含异常值的相关记录。
- 视为缺失值：将异常值视为缺失值，按照缺失值的处理办法进行处理。
- 平均值修正：使用附近值的平均值对异常值进行修正。

【案例4-8】处理邮政编码数据集中异常值。

本案例将采取缺失值替换的方式处理【案例4-7】中的异常值，但替换值只能选取100000这样的固定值，因为直接删除相应记录会造成数据缺失，而采取平均值修正的方式对本案例并不适用。

※ Excel实现

通过【筛选】功能获得异常数据后，直接将异常数据单元格中的值替换为100000即可，如图4-18所示。

图 4-18　替换结果效果显示

※ Python实现

通过调用DataFrame数据对象的replace方法替换异常值，其语法格式如下：

```
#to_replace 为被替换数据
#value 为替换数据
```

```
pandas.DataFrame.replace( to_replace=None, value=None, inplace=False )
```

在Spyder中输入如下代码，将邮政编码中的异常值替换为100000，设定to_replace参数为不符合邮政编码规则的数据，设定value参数为替换数据即100000：

```
import pandas as pd
df = pd.read_excel("D:/DataAnalysis/Chapter04Data/Zipcode.xlsx")
# 用数字 100000 替换异常值
df.replace(df[(df["邮政编码"]<100000) | (df["邮政编码"]>109999)]["邮政编码"].tolist(),
           100000, inplace=True)
print(df.head(4))
```

执行后终端显示结果如下，所有异常值被替换为100000：

```
     区域       邮政编码
0    新建胡同     100031
1    西直门外     100000
2    上地六街     100085
3    远大路      100000
```

4.4 数据类型转换

由于数据源中的数据并不一定符合数据规范，因此在进行数据分析之前需要确定每项数据的类型。例如，有些数据在存储时虽然是数字格式，但应转换为文本类型，因为数据代表的是一些说明信息而不是数值的量。

【案例4-9】转换考勤打卡数据集数据类型。

本案例使用【案例4-5】中的考勤打卡数据，数据中已无重复值，文件名称为DailyChange.xlsx。下面将数据集中的数据类型转换成合适的类型。

※ Excel实现

在Excel中常用数据类型可以在【开始】菜单中查看。选中某列则可以查看该列的数据类型，相应数据类型会显示出来。如果数据类型不正确需要修改，则从下拉列表中选择需要的数据类型。

※ Python实现

pandas库提供了几种基本的数据类型，见表4-1。

表 4-1 Python 常见数据类型列表

数据类型	说　明
object	字符串类型
int64	整型，即整数
float64	浮点型，即带小数的数字
bool	布尔型，真值或假值
datetime64	日期时间类型

在进行数据转换之前，需要先查看DataFrame数据对象中每列的数据类型，以确定哪些列的数据类型需要转换。首先查看每一列数据类型，代码参考如下：

```python
import pandas as pd
df = pd.read_csv("D:/DataAnalysis/Chapter04Data/DailyChange.csv")
print(df.info())
```

执行后终端显示结果如下：

```
人员编号      78 non-null float64
姓名        78 non-null object
刷卡日期      78 non-null object
刷卡时间      78 non-null object
```

从结果可以看出"人员编号""刷卡日期""刷卡时间"这3列的数据类型都需要进行修改，其中"人员编号"列修改为object类型，"刷卡日期"列修改为datetime64类型，"刷卡时间"列修改为datetime64类型。"姓名"列为字符串类型，无须修改。

然后通过调用DataFrame数据对象的astype方法对数据类型进行转换，将参数设定为要转换的目标类型即可。代码参考如下：

```python
# astype 是将原数据列的类型改变后返回一个复制，因此需要再赋值给原数据列
# 分别对 3 列数据进行类型转换
df[" 人员编号 "] = df[" 人员编号 "].astype(str)
df[" 刷卡日期 "] = df[" 刷卡日期 "].astype("datetime64")
df[" 刷卡时间 "] = df[" 刷卡时间 "].astype("datetime64")
print(df.info())
```

执行后终端显示结果如下：

```
人员编号      79 non-null object
姓名        78 non-null object
刷卡日期      78 non-null datetime64[ns]
刷卡时间      78 non-null datetime64[ns]
```

4.5　建立数据索引

索引是一种独立且不重复的数据，使用索引可以提高查找数据的速度，特别是当数据量较大且无规则时，通过索引可以快速准确地找到所需数据。例如，书中的目录就是目前使用最多的一种索引。

对于二维数据表，索引分为两种：一种是行索引；一种是列索引。

【案例4-10】重命名邮政编码数据集索引。

默认情况下，导入的数据源会自动生成索引，但自动生成的索引都是从0开始的整数，不能体现数据的特性，因此需要对索引进行重命名。

本案例使用【案例4-7】中的邮政编码数据，数据中已无异常值，文件名称为

ZipcodeIndex.xlsx。下面对邮政编码数据集的行列索引进行重命名。

※ Excel实现

在Excel中重命名索引非常简单，直接修改相应字段名称即可。

※ Python实现

通过设置DataFrame数据对象的index属性重命名行索引，设置columns属性重命名列索引。

导入数据后的原始行列索引终端显示结果如下：

```
     区域      邮政编码
0   新建胡同    100031
1   西直门外    100044
2   上地六街    100085
3   远大路     100097
```

在Spyder中输入如下代码，分别修改其行索引和列索引：

```
import pandas as pd
df = pd.read_excel("D:/DataAnalysis/Chapter04Data/ZipcodeIndex.xlsx")
# 修改行索引为从 1 开始的整数
df.index = [1,2,3,4,5,6,7]
# 修改列索引标题为 "所在区域" 和 "邮政编码"
df.columns = [" 所在区域 "," 邮政编码 "]
print(df.head(2))
```

修改后终端显示结果如下：

```
     所在区域    邮政编码
1   新建胡同    100031
2   西直门外    100044
3   上地六街    100085
4   远大路     100097
```

【案例4-11】重建考勤打卡数据集行索引。

重建索引是用新的索引值替换原有索引，让索引更能体现数据信息。例如，学生信息在导入后会默认建立从0开始的数字行索引，但一般情况下会将学号作为行索引，因此可以将学生信息中的学号作为行索引，对索引进行重建。重建索引通常都是对行索引进行重置，很少涉及列索引。

本案例使用【案例4-9】中考勤打卡数据集文件重建考勤打卡数据集索引。

※ Excel实现

人员编号列已经位于数据表的第一列，因此无须再进行设置。如果想要作为索引的列不在第一列，可以通过将该列拖动到第一列实现重建索引。

※ Python实现

通过调用DataFrame数据对象的set_index方法指定索引，其语法格式如下：

```
pandas.DataFrame.set_index( keys, inplace = False )                    # keys 为行索引的列名
```

在Spyder中输入如下代码，将行索引设置为 "人员编号" 列：

```
import pandas as pd
df = pd.read_excel("D:/DataAnalysis/Chapter04Data/DailyChange.xlsx")
df.set_index(" 人员编号 ", inplace = True)
print(df.head(2))
```

执行后终端显示结果如下：

	姓名	刷卡日期	刷卡时间
人员编号			
100122	周鹏程	2020-06-12	07:50:16
100147	温昊妍	2020-06-12	07:50:18

通过调用DataFrame数据对象的reset_index方法实现重新设置索引编号，其语法格式如下：

```
pandas.DataFrame.reset_index( drop = False, inplace = False )
```

默认情况下新建索引后并不删除原有索引，如无须保留原有索引，则可以设定drop参数值为True来删除原索引。

将上一步中创建的索引列"人员编号"删除，并将行索引变为从0开始的数字，代码参考如下：

```
df.reset_index(drop = True, inplace = True)
print(df.head(3))
```

执行后终端显示结果如下，可以看出重建索引列后，原"人员编号"索引列被删除，新建索引从0开始编号。

	姓名	刷卡日期	刷卡时间
0	周鹏程	2020-06-12	07:50:16
1	温昊妍	2020-06-12	07:50:18
2	万琪	2020-06-12	07:51:11

4.6 数据预处理综合实践

至此，已经介绍了如何对数据进行预处理，其中包括缺失值、重复值和异常值的处理，以及如何进行数据转换和建立索引。下面将通过一个综合案例进一步巩固数据预处理的相关知识。

【案例4-12】保险公司调查问卷信息数据预处理。

本案例使用某保险公司调查问卷信息数据作为数据源，文件名称为Insurance.xlsx。分别在Excel和Python中对数据的缺失值、重复值和异常值进行处理，进行数据类型转换，以及建立索引。该案例数据可以从本书提供的代码托管地址页面下载。

扫一扫，看视频讲解

部分数据显示如图4-19所示。

手机号	出生日期	性别	工作年限	周工作时长	年收入
17768522588	1991/1/11	Male	10	40	484326
13870511536	1990/10/15	Male	5	13	383257
13870511536	1990/10/15	Male	5	13	383257
13873758655	1986/3/28		9	40	226625
15864162749	1974/4/9	Female	21	1000	275041
17758965173	1970/8/13	Female		40	61156
18675367993	1982/9/7	Female	14	40	230500

图 4-19　案例部分数据内容显示

※ Excel实现

步骤1：查找数据的缺失值，如图4-20所示。

	A	B	C	D	E	F
1	手机号	出生日期	性别	工作年限	周工作时长	年收入
2	17768522588	1991/1/11	Male	10	40	484326
3	13870511536	1990/10/15	Male	5	13	383257
4	13870511536	1990/10/15	Male	5	13	383257
5	13873758655	1986/3/28		9	40	226625
6	15864162749	1974/4/9	Female	21	1000	275041
7	17758965173	1970/8/13	Female		40	61156
8	18675367993	1982/9/7	Female	14	40	230500

图 4-20　查找缺失值

缺失值位于"性别"和"工作年限"两列，不能使用同一数值替换，需要分别对这两列的缺失值进行替换，"性别"列替换为Male，"工作年限"列替换为该列平均值，替换后如图4-21所示。

	A	B	C	D	E	F
1	手机号	出生日期	性别	工作年限	周工作时长	年收入
2	17768522588	1991/1/11	Male	10	40	484326
3	13870511536	1990/10/15	Male	5	13	383257
4	13870511536	1990/10/15	Male	5	13	383257
5	13873758655	1986/3/28	Male	9	40	226625
6	15864162749	1974/4/9	Female	21	1000	275041
7	17758965173	1970/8/13	Female	16.53333	40	61156
8	18675367993	1982/9/7	Female	14	40	230500

图 4-21　替换缺失值

步骤2：查找重复值，找到两行重复数据，可能是由于个别客户在填写调查问卷时重复提交造成，如图4-22所示。

	A	B	C	D	E	F
1	手机号	出生日期	性别	工作年限	周工作时长	年收入
2	17768522588	1991/1/11	Male	10	40	484326
3	13870511536	1990/10/15	Male	5	13	383257
4	13870511536	1990/10/15	Male	5	13	383257
5	13873758655	1986/3/28	Male	9	40	226625
6	15864162749	1974/4/9	Female	21	1000	275041
7	17758965173	1970/8/13	Female	16.53333	40	61156

图 4-22　重复值显示

删除一行其中的重复数据即可，删除后提示信息如图4-23所示。

图4-23　删除重复值提示信息

步骤3: 找出调查问卷中的异常值,由于输入错误或其他原因可能导致数据异常。本例中周工作时长数据中存在异常值,一般情况下周工作时长不会超过100小时,因此通过筛选找出超过100的异常数据,如图4-24所示。

	A	B	C	D	E	F
1	手机号	出生日期	性别	工作年限	周工作时长	年收入
5	15864162749	1974/4/9	Female	21	1000	275041

图4-24　异常值

将找到的异常值替换为40,如图4-25所示。

	A	B	C	D	E	F
1	手机号	出生日期	性别	工作年限	周工作时长	年收入
5	15864162749	1974/4/9	Female	21	40	275041

图4-25　替换异常值

步骤4: 将"手机号"和"性别"两列数据类型修改为文本,将"出生日期"列数据类型修改为日期,将"工作年限""周工作时长"和"年收入"3列数据类型修改为数值。

步骤5: 设定索引列,由于"手机号"列已经在第一列,因此就无须再进行修改。

经过数据预处理后,最终数据如图4-26所示。

	A	B	C	D	E	F
1	手机号	出生日期	性别	工作年限	周工作时长	年收入
2	17768522588	1991/1/11	Male	10	40	484326
3	13870511536	1990/10/15	Male	5	13	383257
4	13873758655	1986/3/28	Male	9	40	226625
5	15864162749	1974/4/9	Female	21	40	275041
6	17758965173	1970/8/13	Female	17	40	61156
7	18675367993	1982/9/7	Female	14	40	230500
8	15872020952	1971/5/21	Female	25	16	203919

图4-26　处理后最终数据

※ Python实现

在Spyder中新建一个Python文件并保存为Chapter4-example.py,然后输入代码,按照步骤完成数据预处理。

首先,在数据预处理前读入数据源数据:

```
import pandas as pd
df = pd.read_excel("D:/DataAnalysis/Chapter04Data/Insurance.xlsx")
print(df.head(6))                    # 预览前6行数据
```

执行后终端显示结果如下:

	手机号	出生日期	性别	工作年限	周工作时长	年收入
0	17768522588	1991/1/11	Male	10.0	40	484326
1	13870511536	1990/10/15	Male	5.0	13	383257
2	13870511536	1990/10/15	Male	5.0	13	383257
3	13873758655	1986/3/28	NaN	9.0	40	226625
4	15864162749	1974/4/9	Female	21.0	1000	275041
5	17758965173	1970/8/13	Female	NaN	40	61156

然后开始进行数据预处理。

步骤1：调用df对象的fillna方法，对"性别"和"工作年限"两列的缺失值进行替换。

```
# "性别"列缺失值替换为 Male
df["性别"] = df["性别"].fillna("Male")
# "工作年限"列缺失值替换为该列平均值
df["工作年限"] = df["工作年限"].fillna(df["工作年限"].mean())
print(df.head(6))          # 预览前 6 行数据
```

执行后终端显示结果如下：

	手机号	出生日期	性别	工作年限	周工作时长	年收入
0	17768522588	1991/1/11	Male	10.000000	40	484326
1	13870511536	1990/10/15	Male	5.000000	13	383257
2	13870511536	1990/10/15	Male	5.000000	13	383257
3	13873758655	1986/3/28	Male	9.000000	40	226625
4	15864162749	1974/4/9	Female	21.000000	1000	275041
5	17758965173	1970/8/13	Female	16.533333	40	61156

步骤2：调用df对象的drop_duplicates方法，删除数据中的重复值。

```
# 删除数据中的重复值
df.drop_duplicates(inplace = True)
print(df.head(6))          # 预览前 6 行数据
```

执行后终端显示结果如下：

	手机号	出生日期	性别	工作年限	周工作时长	年收入
0	17768522588	1991/1/11	Male	10.000000	40	484326
1	13870511536	1990/10/15	Male	5.000000	13	383257
3	13873758655	1986/3/28	Male	9.000000	40	226625
4	15864162749	1974/4/9	Female	21.000000	1000	275041
5	17758965173	1970/8/13	Female	16.533333	40	61156
6	18675367993	1982/9/7	Female	14.000000	40	230500

步骤3：调用df对象的describe方法，确定数据中的异常值。

```
# 查看数据的统计信息
print(df.describe())
```

执行后终端显示结果如下：

	手机号	工作年限	周工作时长	年收入
count	3.000000e+01	30.000000	30.000000	30.000000
mean	1.651741e+10	16.917778	74.633333	290995.600000
std	1.916283e+09	7.163160	175.363757	136405.202977
min	1.384137e+10	5.000000	13.000000	49974.000000
25%	1.436612e+10	11.000000	40.000000	212199.000000
50%	1.680875e+10	16.266667	40.000000	308145.000000
75%	1.841608e+10	23.500000	48.750000	385782.750000
max	1.868064e+10	28.000000	1000.000000	494611.000000

通过统计信息分析可以看出周工作时长的最大值偏离平均值较大，可以确定为异常值。调用df对象的replace方法，将周工作时长大于100的异常值替换为40。

```
# 替换"周工作时长"的异常数据
df.replace(df[df["周工作时长"]>100]["周工作时长"].tolist(), 40, inplace=True)
print(df.head(6))        # 预览前6行数据
```

执行后终端显示结果如下：

	手机号	出生日期	性别	工作年限	周工作时长	年收入
0	17768522588	1991/1/11	Male	10.000000	40	484326
1	13870511536	1990/10/15	Male	5.000000	13	383257
3	13873758655	1986/3/28	Male	9.000000	40	226625
4	15864162749	1974/4/9	Female	21.000000	40	275041
5	17758965173	1970/8/13	Female	16.533333	40	61156
6	18675367993	1982/9/7	Female	14.000000	40	230500

步骤4： 调用df对象的info方法，查看各列的数据类型，确认需要修改数据类型的列。

```
print(df.info())
```

各列数据类型结果如下：

```
手机号          30 non-null int64
出生日期         30 non-null object
性别           30 non-null object
工作年限         30 non-null float64
周工作时长        30 non-null int64
年收入          30 non-null int64
```

其中"手机号"列需要转换为字符串类型，"出生日期"列需要转换为日期类型，"工作年限"列需要转换为整型。对需要进行数据类型转换的列进行转换。

```
# 修改"手机号"和"出生日期"列数据类型
df["手机号"] = df["手机号"].astype(str)
df["出生日期"] = df["出生日期"].astype("datetime64[ns]")
df["工作年限"] = df["工作年限"].astype("int64")
print(df.info())
```

修改后各列数据类型结果如下：

```
手机号           30 non-null object
出生日期         30 non-null datetime64[ns]
性别             30 non-null object
工作年限         30 non-null int64
周工作时长       30 non-null int64
年收入           30 non-null int64
```

步骤5：将"手机号"列设定为行索引列。

```
# 将"手机号"列设定为行索引列
df.set_index("手机号", inplace = True)
print(df.head(2))   # 预览前两行数据
```

执行后终端显示结果如下：

手机号	出生日期	性别	工作年限	周工作时长	年收入
17768522588	1991-01-11	Male	10	40	484326
13870511536	1990-10-15	Male	5	13	383257

4.7 本章小结

本章对数据分析的数据预处理方法进行了介绍，包括缺失值处理、重复值处理、异常值处理、数据类型转换和建立索引等多种数据预处理方法。在数据预处理中，Excel和Python都能很好地对数据中的错误值或异常值进行处理。

第5章 钓鱼、打猎还是种地
——数据选择

在荒岛中获得了基本生活物资后，掘金者就要开始考虑如何让自己在荒岛中生存下去，而生存下去的基础就是可以获取稳定的食物来源。获取食物来源的方式有很多种，可以是钓鱼、打猎、开垦荒地等，但无论是哪种方式都必须根据荒岛的实际环境和自身情况进行选择。例如，种地是需要一定周期才能获得食物的方式，但当你没有足够的物资储备时，钓鱼和打猎可能会是你现阶段更好的选择。类比数据分析时，就是进行数据筛选的过程。

在数据分析中，对获取的数据进行预处理后并不能马上进行数据分析，而是需要根据数据分析目的将数据筛选出来，因为不同分析方式所使用的数据并不相同，所使用的数据也可能是部分数据。本章思维导图如下：

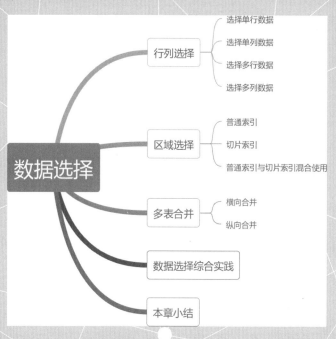

5.1 行列选择

在进行数据分析时，如果只需要使用数据中的部分行或列，从数据中选择出所需要的行列数据即可。

5.1.1 选择单行数据

扫一扫,看视频讲解

【案例5-1】选择一行数据。

本案例使用北京2020年2月各观测点PM2.5的数据值作为数据源，文件名称为PM25BJ2.xlsx。该案例数据可以从本书提供的代码托管地址页面下载。

其部分数据显示如图5-1所示。

datehour	date	hour	东四	天坛	官园	万寿西宫	奥体中心
202002010	2020/02/01	0	4	2	3	4	8
202002011	2020/02/01	1	5	4	2	2	3
202002012	2020/02/01	2	4	5	4	5	6
202002013	2020/02/01	3	1	5	5	5	3
202002014	2020/02/01	4	5	5	9	6	6
202002015	2020/02/01	5	6	9	5	5	2
202002016	2020/02/01	6	5	7	2	4	4

图 5-1 案例数据内容部分显示

※ Excel实现

选择某一行数据，只需单击左侧行编号即可选中整行。

※ Python实现

通过调用DataFrame数据对象的loc方法或者iloc方法实现选择行数据。loc方法是标签索引方式，需要给出行索引的标签；iloc方法是行号索引方式，需要给出行索引的编号。

读入PM25BJ2.xlsx文件中的所有数据，首先要对数据进行整理和清洗。通过预处理将所有缺失值进行替换，修改datehour列的数据类型为字符型；修改date列的数据类型为日期类型；修改hour类的数据类型为整型，并将第一列设置为行索引。在Spyder中输入如下代码：

```
import pandas as pd
df = pd.read_excel("D:/DataAnalysis/Chapter05Data/PM25BJ2.xlsx")
# 用后一个数据替换缺失值
df = df.fillna(method = "backfill", axis = 1)
# 对于最后一列使用前一个数据替换缺失值
df = df.fillna(method = "ffill", axis = 1)
# 修改部分列的数据类型
df["datehour"] = df["datehour"].astypev(str)
df["date"] = df["date"].astype("datetime64[ns]")
df["hour"] = df["hour"].astype("int64")
# 设置第一列 datehour 列为行索引
df.set_index("datehour", inplace = True)
```

```
print(df.head(5))
```

执行后终端显示部分结果如下：

	date	hour	东四	天坛	官园	...	前门	永定门内	西直门北	南三环	东四环
datehour						...					
202002010	2020-02-01	0	4.0	2.0	3.0	...	7.0	3.0	4.0	5.0	2.0
202002011	2020-02-01	1	5.0	4.0	2.0	...	4.0	4.0	7.0	5.0	2.0
202002012	2020-02-01	2	4.0	5.0	4.0	...	2.0	6.0	4.0	5.0	2.0
202002013	2020-02-01	3	1.0	5.0	4.0	...	4.0	7.0	8.0	6.0	2.0
202002014	2020-02-01	4	5.0	5.0	9.0	...	6.0	4.0	3.0	6.0	2.0

然后分别使用loc方法和iloc方法获取2020年2月1日8时各观测站点的数据。代码参考如下：

```
# 使用标签索引方式
df_onerow = df.loc["202002018"]
# 使用行号索引方式
df_onerow = df.iloc[8]
```

执行后终端显示部分结果如下：

```
永定门内                    1
西直门北                    2
南三环                     6
东四环                     5
Name: 202002018, dtype: object
```

💻 5.1.2 选择单列数据

选择某一列数据，一般利用列数据的索引进行选择。

【案例5-2】选择一列数据。

本案例继续使用【案例5-1】中各观测站点观测数据文件，选取数据中某一列数据。

※ Excel实现

在Excel中选择某一列数据，单击顶端列编号即可选中整列。

※ Python实现

选择一列数据与选择一行数据相似，也是标签索引和列号索引两种方式，但实现方式与选择行数据略有不同。标签索引方式只需给出列名称，无须使用loc方法。列号索引方式需要使用iloc方法。

通过两种方式获取"东四"观测站点的数据。代码参考如下：

```
# 使用标签索引方式
df_onecolumn = df[" 东四 "]
# 使用列号索引方式
df_onecolumn = df.iloc[:,2]
```

执行后终端显示部分结果如下：

```
2020022820      88.0
2020022821      92.0
2020022822      97.0
2020022823     124.0
Name: 东四 , Length: 671, dtype: float64
```

5.1.3 选择多行数据

选择多行数据，一般利用行数据的索引进行选择。

【案例5-3】选择多行数据。

本案例继续使用【案例5-1】中各观测站点观测数据文件，选取数据中多行数据。

※ Excel实现

选择连续多行数据只需单击左侧行编号拖动选择。选择非连续多行数据需要先选中一行，再按住Ctrl键选择其他行。

※ Python实现

在Python中选择多行数据与选择一行数据基本相同，只是因为包含多个索引值，因此需要在设定参数时将包含索引值的列表作为参数。

例如，通过标签索引和行索引两种方式来获取2020年2月1日8时至12时各观测站点的数据。代码参考如下：

```
# 使用标签索引方式选择连续行
df_morerow = df.loc["202002018":"2020020112"]
# 使用行号索引方式选择连续行
df_morerow = df.iloc[8:13]
```

执行后终端显示结果如下：

	date	hour	东四	天坛	官园	...	前门	永定门内	西直门北	南三环	东四环
datehour						...					
202002018	2020-02-01	8	7.0	8.0	6.0	...	9.0	1.0	2.0	6.0	5.0
202002019	2020-02-01	9	10.0	7.0	2.0	...	4.0	3.0	6.0	6.0	5.0
2020020110	2020-02-01	10	7.0	10.0	5.0	...	10.0	6.0	11.0	6.0	4.0
2020020111	2020-02-01	11	8.0	6.0	6.0	...	7.0	6.0	13.0	5.0	4.0
2020020112	2020-02-01	12	7.0	12.0	7.0	...	10.0	9.0	10.0	5.0	5.0

下面通过两种方式获取2020年2月1日8时、10时、12时各观测站点的数据。代码参考如下：

```
# 使用标签索引方式选择非连续行
df_morerow = df.loc[["202002018", "2020020110", "2020020112"]]
# 使用行号索引方式选择非连续行
df_morerow = df.iloc[[8, 10, 12]]
```

执行后终端显示结果如下：

	date	hour	东四	天坛	官园	...	前门	永定门内	西直门北	南三环	东四环
datehour						...					
202002018	2020-02-01	8	7.0	8.0	6.0	...	9.0	1.0	2.0	6.0	5.0
2020020110	2020-02-01	10	7.0	10.0	5.0	...	10.0	6.0	11.0	6.0	4.0
2020020112	2020-02-01	12	7.0	12.0	7.0	...	10.0	9.0	10.0	5.0	5.0

🖥 5.1.4　选择多列数据

选择多列数据，一般利用列数据的索引进行选择。

【案例5-4】选择多列数据。

本案例继续使用【案例5-1】中各观测站点观测数据文件，选取数据中多列数据。

※ Excel实现

如果选择连续多列数据则只需单击顶端列编号拖动选择。如果选择非连续多列数据则需要先选中一列，再按住Ctrl键选择其他列。

※ Python实现

选择多列数据与选择单列数据的实现基本相同，只是在设定参数时因为包含多个索引值，因此需要将包含索引值的列表作为参数。

实现两种方式获取"东四"至"奥体中心"5个观测站点的数据。代码参考如下：

```
# 使用标签索引方式选择连续列
df_morecolumn = df.loc[:, "东四":"奥体中心"]
# 使用列号索引方式选择连续列
df_morecolumn = df.iloc[:, 2:7]
```

执行后终端显示部分结果如下：

	东四	天坛	官园	万寿西宫	奥体中心
datehour					
202002010	4.0	2.0	3.0	4.0	8.0
202002011	5.0	4.0	2.0	2.0	3.0
202002012	4.0	5.0	4.0	5.0	6.0

实现两种方式获取"东四""官园""奥体中心"3个观测站点的数据。代码参考如下：

```
# 使用标签索引方式选择非连续列
df_morecolumn = df.loc[:, ["东四", "官园", "奥体中心"]]
# 使用列号索引方式选择非连续列
df_morecolumn = df.iloc[:, [2, 4, 6]]
```

执行后终端显示结果如下：

	东四	官园	奥体中心
datehour			
202002010	4.0	3.0	8.0
202002011	5.0	2.0	3.0
202002012	4.0	4.0	6.0

5.2 区域选择

数据分析中使用的数据有时不仅需要单行数据或单列数据，还需要行列相交区域的数据，即多行多列数据。

5.2.1 普通索引

普通索引方式即标签索引方式，通过指定行索引名称和列索引名称选取区域数据。

【案例5–5】使用普通索引方式选取区域数据。

本案例继续使用【案例5–1】中各观测站点观测数据文件，使用普通索引方式选取多行多列数据。

　　※ Excel实现

选取多行多列数据只需按住鼠标左键拖动选择所需区域。

※ Python实现

普通索引方式选择多行多列数据通过调用DataFrame数据对象的loc方法实现，设定参数时指定行列的标签索引名称，行列的标签索引名称可以是连续数据，也可以是非连续数据。

获取2020年2月1日8时至10时，"东四"至"奥体中心"5个观测站点的数据。代码参考如下：

```
# 使用标签索引方式选择连续行列区域
# 获取 2020 年 2 月 1 日 8 时至 10 时，"东四"至"奥体中心"5 个站点的数据
df_morecolumn = df.loc["202002018":"2020020110", "东四":"奥体中心"]
```

执行后终端显示结果如下：

	东四	天坛	官园	万寿西宫	奥体中心
datehour					
202002018	7.0	8.0	6.0	5.0	6.0
202002019	10.0	7.0	2.0	9.0	12.0
2020020110	7.0	10.0	5.0	7.0	8.0

获取2020年2月1日8时、10时、12时，"东四""官园""奥体中心"3个观测站点的数据。代码参考如下：

```
# 使用标签索引方式选择非连续行列区域
# 获取非连续时间，非连续站点的数据
df_rowcolumn = df.loc[["202002018", "2020020110", "2020020112"], ["东四", "官园",
"奥体中心"]]
```

执行后终端显示结果如下：

	东四	官园	奥体中心
datehour			
202002018	7.0	6.0	6.0

```
2020020110     7.0      5.0      8.0
2020020112     7.0      7.0      9.0
```

5.2.2 切片索引

切片索引方式即编号索引方式，通过指定行索引编号和列索引编号选取区域数据，通过调用DataFrame数据对象的iloc方法实现。

【案例5-6】使用切片索引方式选取区域数据。

本案例继续使用【案例5-1】中各观测站点观测数据文件，通用切片索引方式选取多行多列数据。

※ Excel实现

Excel的切片索引方式与普通索引方式操作相同。

※ Python实现

切片索引方式通过调用DataFrame数据对象的iloc方法选择多行多列数据，设定参数时指定行列的索引编号，行列的索引编号可以是连续数据，也可以是非连续数据。

获取2020年2月1日8时至10时"东四"至"奥体中心"5个观测站点的数据。代码参考如下：

```
# 使用切片索引方式选择行列区域
# 获取2020年2月1日8时至10时，"东四"至"奥体中心"5个站点的数据
df_rowcolumn = df.iloc[8:13, 2:7]
```

执行后终端显示结果如下：

```
                东四       天坛      官园     万寿西宫     奥体中心
datehour
202002018      7.0       8.0      6.0      5.0        6.0
202002019      10.0      7.0      2.0      9.0        12.0
2020020110     7.0       10.0     5.0      7.0        8.0
```

获取2020年2月1日8时、10时、12时，"东四""官园""奥体中心"3个观测站点的数据。代码参考如下：

```
# 使用切片索引方式选择不连续行列区域
# 获取非连续时间，非连续站点的数据
df_rowcolumn = df.iloc[[8, 10, 12], [2, 4, 6]]
```

执行后终端显示结果如下：

```
                东四      官园     奥体中心
datehour
202002018      7.0      6.0      6.0
2020020110     7.0      5.0      8.0
2020020112     7.0      7.0      9.0
```

💻 5.2.3 普通索引与切片索引混合使用

普通索引与切片索引也可以混合使用，通过调用pandas库的ix方法实现，ix方法的参数值接受索引名称或索引序号。由于ix方法使用较为复杂，因此在新版本的pandas中，ix方法已经不被推荐使用，建议采用iloc方法和loc方法实现ix方法的功能。

【案例5-7】普通索引与切片索引混合使用。

本案例继续使用【案例5-1】中各观测站点观测数据文件，使用混合索引方式选取多行多列数据。

※ Excel实现

在Excel中没有这种操作方式。

※ Python实现

通过调用pandas库的ix方法实现普通索引与切片索引混合使用，设定参数时可以给出行列的索引编号或索引名称。

获取2020年2月1日8时至12时，"东四""官园""奥体中心"3个观测站点的数据。代码参考如下：

```
# 使用普通索引与切片索引混合方式
df_rowcolumn = df.ix[8:13, ["东四", "官园", "奥体中心"]]
```

执行后终端显示结果如下：

```
                东四      官园      奥体中心
datehour
202002018       7.0     6.0     6.0
202002019       10.0    2.0     12.0
2020020110      7.0     5.0     8.0
2020020111      8.0     6.0     7.0
2020020112      7.0     7.0     9.0
```

5.3 多表合并

当数据量较大时，数据经常被存放在多个数据源中，这些数据源之间存在关联关系。在分析数据时需要对这些数据进行合并，即多表拼接，将多个数据源的数据合并到一个数据集中。

数据合并分为横向合并和纵向合并两种方式，即分别向行和列两个方向进行扩张。

💻 5.3.1 横向合并

横向合并是将多个表沿X轴方向拼接，拼接时依据表中公共列数据在水平方向进行拼接。

【案例5-8】横向合并多表数据。

本案例使用2020年8月3日5只股票的交易数据作为数据源，文件名称为Stock.xlsx。文件中包含三个工作表，分别为daily表、dailybasic表、stockname表。该案例数据下载地址如下：

https://gitee.com/caoln2003/python_excel_dataAnalysis_book/Examples/Chapter05/Stock.xlsx

其中，daily表存放股票价格的交易数据，包括股票代码、交易日期、开盘价、收盘价，数据如图5-2所示。

dailybasic表存放股票的其他交易数据，包括股票代码、交易日期、换手率、市盈率，数据如图5-3所示。

股票代码	交易日期	开盘价	收盘价
600017	20200803	2.81	2.87
600018	20200803	4.48	4.56
600019	20200803	4.95	4.97
600020	20200803	3.73	3.78
600021	20200803	7.86	7.88

股票代码	交易日期	换手率	市盈率
600017	20200803	1.2187	13.9816
600018	20200803	0.2378	11.6606
600019	20200803	0.2762	8.9098
600020	20200803	0.6383	5.8179
600021	20200803	0.3939	21.4295

图 5-2 案例工作表 daily 内容示例　　　图 5-3 案例工作表 dailybasic 内容示例

stockname表存放股票的基本信息，包括股票代码、股票名称、地域、所属行业，数据如图5-4所示。

股票代码	股票名称	地域	所属行业
600016	民生银行	北京	银行
600017	日照港	山东	港口
600018	上港集团	上海	港口
600019	宝钢股份	上海	普钢
600020	中原高速	河南	路桥

图 5-4 案例工作表 stockname 内容示例

※ Excel实现

daily表包含股票当日交易数据，但不包含股票名称。为了便于查看，在daily表中添加对应股票名称，股票名称数据来源于stockname表中的数据。根据daily表中股票代码从stockname表中找出股票代码对应的股票名称。

使用VLOOKUP函数可以实现横向合并，在需要合并的列中添加VLOOKUP函数即可。

步骤1：在daily表中"股票代码"列后添加"股票名称"列，如图5-5所示。

	A	B	C	D	E
1	股票代码	股票名称	交易日期	开盘价	收盘价
2	600017		20200803	2.81	2.87
3	600018		20200803	4.48	4.56
4	600019		20200803	4.95	4.97
5	600020		20200803	3.73	3.78
6	600021		20200803	7.86	7.88

图 5-5 添加"股票名称"列

步骤2：在B2单元格中添加VLOOKUP函数，写法如下：

```
fx = VLOOKUP(A:A,stockname!A:B,2,FALSE)
```

VLOOKUP函数添加完成后，B2单元格中会自动填入"日照港"，其数据来源于stockname表的"股票名称"列。

步骤3：使用填充句柄填充该列其他单元格。由于股票代码为600021的数据在stockname表中不存在，因此该股票代码对应的股票名称数据被填充为"#N/A"，即空数据，如图5-6所示。

	A	B	C	D	E
1	股票代码	股票名称	交易日期	开盘价	收盘价
2	600017	日照港	20200803	2.81	2.87
3	600018	上港集团	20200803	4.48	4.56
4	600019	宝钢股份	20200803	4.95	4.97
5	600020	中原高速	20200803	3.73	3.78
6	600021	#N/A	20200803	7.86	7.88

图 5-6　Excel 实现多表合并效果

※ Python实现

通过调用pandas库的merge方法实现表格横向合并，其语法格式如下：

```
pandas.merge( left, right, on, how )            # on 为连接键，how 为连接方式
```

merge方法应用场景最多的情况是进行合并的两张表中公共列数据完全相同。在此种情况下，合并后数据行数并不增加，而列数则为两张表的列数之和减去重复的列数。

在进行横向合并表时有几种不同的合并方式。默认情况下，merge方法会使用两个表中的公共列作为连接键，只将公共列中数据相同的行进行连接。

首先，将Stock.xlsx中三个工作表的数据分别读入三个DataFrame中。

```
import pandas as pd
df_daily = pd.read_excel("D:/DataAnalysis/Chapter05Data/Stock.xlsx",
                         sheet_name = "daily")
df_dailybasic = pd.read_excel("D:/DataAnalysis/Chapter05Data/Stock.xlsx",
                              sheet_name = "dailybasic")
df_stockname = pd.read_excel("D:/DataAnalysis/Chapter05Data/Stock.xlsx",
                             sheet_name = "stockname")
```

将daily表和dailybasic表进行横向合并，其中"股票代码"和"交易日期"两列为公共列，无须指定公共列，merge方法会自动识别公共列并进行合并。代码参考如下：

```
df_dailydata = pd.merge(df_daily, df_dailybasic)
```

执行后终端显示结果如下：

```
   股票代码    交易日期      开盘价    收盘价    换手率     市盈率
0  600017  2020/08/03   2.81    2.87    1.2187   13.9816
1  600018  2020/08/03   4.48    4.56    0.2378   11.6606
2  600019  2020/08/03   4.95    4.97    0.2762    8.9098
3  600020  2020/08/03   3.73    3.78    0.6383    5.8179
4  600021  2020/08/03   7.86    7.88    0.3939   21.4295
```

有些情况下合并数据的公共列数据并不是完全一致。当一个表的公共列有重复值，另一个表的公共列无重复值，则合并时需要指定连接键，通过设定参数on的值为公共列来实现。

daily表和dailybasic表横向合并时指定公共列为"股票代码"列，设定on参数为"股票代码"，即指定连接键为"股票代码"列。代码参考如下：

```
df_dailydata = pd.merge(df_daily, df_dailybasic, on = " 股票代码 ")
```

由于daily表和dailybasic表中"股票代码"和"交易日期"两列数据完全相同，因此最终执行

后终端显示结果与默认情况相同。

从数据中可以看出daily表中股票代码从600017到600021共5个，而stockname表中的股票代码从600016到600020共5个。其中只有4个股票代码重合，daily表中的600021股票代码并不在stockname表中，因此无法获取600021的股票名称，这就是公共列数据不一致的情况。当要合并的两个表中公共列数据不一致时，则需要通过设定merge方法的参数how来指定具体的连接方式。

共有4种连接方式：

（1）内连接（inner）。默认情况下merge方法使用内连接，即只将两个表中公共列相同的数据进行合并，不同的数据忽略。将daily表和stockname表进行内连接。代码参考如下：

```
df_dailyall = pd.merge(df_daily, df_stockname, on = "股票代码", how = "inner")
```

进行内连接后，daily表中股票代码为600021的数据不会出现在最终结果中，最终只有4行结果。终端显示结果如下：

	股票代码	交易日期	开盘价	收盘价	股票名称	地域	所属行业
0	600017	20200803	2.81	2.87	日照港	山东	港口
1	600018	20200803	4.48	4.56	上港集团	上海	港口
2	600019	20200803	4.95	4.97	宝钢股份	上海	普钢
3	600020	20200803	3.73	3.78	中原高速	河南	路桥

（2）左连接（left）。左连接是以左表为基础，将右表连接到左表之上，保证左表数据的完整性。将daily表和stockname表进行左连接。代码参考如下：

```
df_dailyall = pd.merge(df_daily, df_stockname, on = "股票代码", how = "left")
```

进行左连接后，daily表中股票代码为600021的数据也会出现在最终结果中，但由于stockname表中没有600021的股票名称，因此股票名称会显示为NaN，最终有5行结果。终端显示结果如下：

	股票代码	交易日期	开盘价	收盘价	股票名称	地域	所属行业
0	600017	20200803	2.81	2.87	日照港	山东	港口
1	600018	20200803	4.48	4.56	上港集团	上海	港口
2	600019	20200803	4.95	4.97	宝钢股份	上海	普钢
3	600020	20200803	3.73	3.78	中原高速	河南	路桥
4	600021	20200803	7.86	7.88	NaN	NaN	NaN

（3）右连接（right）。右连接是以右表为基础，将左表连接到右表之上，保证右表数据的完整性。将daily表和stockname表进行右连接。代码参考如下：

```
df_dailyall = pd.merge(df_daily, df_stockname, on = "股票代码", how = "right")
```

进行右连接后，由于stockname表中股票代码为600016的股票在daily表中没有对应数据，因此交易日期、开盘价和收盘价会显示为NaN，最终有5行结果。终端显示结果如下：

	股票代码	交易日期	开盘价	收盘价	股票名称	地域	所属行业
0	600017	20200803	2.81	2.87	日照港	山东	港口
1	600018	20200803	4.48	4.56	上港集团	上海	港口
2	600019	20200803	4.95	4.97	宝钢股份	上海	普钢

	股票代码	交易日期	开盘价	收盘价			
3	600020	20200803	3.73	3.78	中原高速	河南	路桥
4	600016	NaN	NaN	NaN	民生银行	北京	银行

（4）外连接（outer）。外连接是取两个表的并集，即将两个表的所有数据全部合并。将daily表和stockname表进行外连接。代码参考如下：

```
df_dailyall = pd.merge(df_daily, df_stockname, on = "股票代码", how = "outer")
```

进行外连接后，daily表中股票代码为600021和stockname表中股票代码为600016的数据均会出现在最终结果中，但无数据的部分会显示为NaN，最终有6行结果。终端显示结果如下：

	股票代码	交易日期	开盘价	收盘价	股票名称	地域	所属行业
0	600017	20200803	2.81	2.87	日照港	山东	港口
1	600018	20200803	4.48	4.56	上港集团	上海	港口
2	600019	20200803	4.95	4.97	宝钢股份	上海	普钢
3	600020	20200803	3.73	3.78	中原高速	河南	路桥
4	600021	20200803	7.86	7.88	NaN	NaN	NaN
5	600016	NaN	NaN	NaN	民生银行	北京	银行

5.3.2 纵向合并

纵向合并是将两个表沿Y轴方向拼接，拼接时依据表中公共列数据在垂直方向进行拼接。

【案例5-9】纵向合并多表数据。

本案例继续使用【案例5-7】的股票数据文件，对表进行纵向合并。

※ Excel实现

在Excel中，两个相同结构的表进行合并只需要将第二个表的数据复制到第一个表的数据的下方即可。

※ Python实现

通过调用pandas库的concat方法实现表格纵向合并，其语法格式如下：

```
pandas.concat( objs )              # objs 为要进行合并的若干个 DataFrame 数据对象
```

concat方法将两个DataFrame数据对象直接进行纵向合并，objs参数必须是列表形式的多个DataFrame表，可以是两个表或多个表。

在Stock.xlsx文件中新加入一个daily2表，表中的数据如图5-7所示。

股票代码	交易日期	开盘价	收盘价
600017	20200803	2.81	2.87
600017	20200804	2.86	2.87
600018	20200804	4.62	4.71
600019	20200804	5.00	4.99
600020	20200804	3.78	3.78
600021	20200804	7.89	7.81

图5-7 daily2数据内容显示

从Stock.xlsx文件中读入daily表和daily2表数据后，将两个表的数据纵向合并。代码参考如下：

```
import pandas as pd
df_daily = pd.read_excel("D:/DataAnalysis/Chapter05Data/Stock.xlsx", sheet_name =
"daily")
df_daily2 = pd.read_excel("D:/DataAnalysis/Chapter05Data/Stock.xlsx", sheet_name =
"daily2")
# 纵向合并 df_daily 和 df_daily2 的数据
df_dailyall = pd.concat([df_daily, df_daily2])
```

执行后终端显示结果如下：

	股票代码	交易日期	开盘价	收盘价
0	600017	20200803	2.81	2.87
1	600018	20200803	4.48	4.56
2	600019	20200803	4.95	4.97
3	600020	20200803	3.73	3.78
4	600021	20200803	7.86	7.88
0	600017	20200803	2.81	2.87
1	600017	20200804	2.86	2.87
2	600018	20200804	4.62	4.71
3	600019	20200804	5.00	4.99
4	600020	20200804	3.78	3.78
5	600021	20200804	7.89	7.81

从结果可以看出数据合并后会保留原索引，说明行索引值并没有重新按顺序编号，而是原来两个表的索引值。如果要将行索引修改为从0开始的顺序编号，可以通过设定ignore_index的参数值为True来实现行索引重新编号。代码参考如下：

```
df_dailyall = pd.concat([df_daily, df_daily2], ignore_index = True)
```

执行后终端显示结果如下：

	股票代码	交易日期	开盘价	收盘价
0	600017	20200803	2.81	2.87
1	600018	20200803	4.48	4.56
2	600019	20200803	4.95	4.97
3	600020	20200803	3.73	3.78
4	600021	20200803	7.86	7.88
5	600017	20200803	2.81	2.87
6	600017	20200804	2.86	2.87
7	600018	20200804	4.62	4.71
8	600019	20200804	5.00	4.99
9	600020	20200804	3.78	3.78
10	600021	20200804	7.89	7.81

如果合并的两个表中包含重复数据，默认情况下合并后并不会去除重复数据。如果要删除重复数据，可以使用前面章节讲过的drop_duplicates方法删除重复数据。

从上一结果中可以看出股票代码 600017 在 2020 年 8 月 3 日的数据有两条，因此需要删除重复数据。代码参考如下：

```
df_dailyall.drop_duplicates(inplace = True)
```

删除重复值后终端显示结果如下：

	股票代码	交易日期	开盘价	收盘价
0	600017	20200803	2.81	2.87
1	600018	20200803	4.48	4.56
2	600019	20200803	4.95	4.97
3	600020	20200803	3.73	3.78
4	600021	20200803	7.86	7.88
6	600017	20200804	2.86	2.87
7	600018	20200804	4.62	4.71
8	600019	20200804	5.00	4.99
9	600020	20200804	3.78	3.78
10	600021	20200804	7.89	7.81

由于删除重复值后其对应索引编号会出现空缺，因此需要重建索引编号。代码参考如下：

```
df_dailyall.reset_index(drop = True, inplace = True)
```

执行后终端显示结果如下，可以看出结果中包含 2020 年 8 月 3 日和 4 日的股票交易数据，且无重复值：

	股票代码	交易日期	开盘价	收盘价
0	600017	20200803	2.81	2.87
1	600018	20200803	4.48	4.56
2	600019	20200803	4.95	4.97
3	600020	20200803	3.73	3.78
4	600021	20200803	7.86	7.88
5	600017	20200804	2.86	2.87
6	600018	20200804	4.62	4.71
7	600019	20200804	5.00	4.99
8	600020	20200804	3.78	3.78
9	600021	20200804	7.89	7.81

5.4 数据选择综合实践

至此，已经介绍了如何进行数据选择，其中包括行列选择方式、区域选择方式、表拼接。下面通过一个综合案例进一步巩固数据选择的相关知识。

【案例 5-10】股票数据综合选择。

本案例使用"中国银行"（股票代码 601988）2020 年 8 月 1 日至 2020 年 8 月 31 日的交易数据进行数据选择，文件名称为 StockData.xlsx。文件中包含 3 个工作表，分别为daily表、dailybasic表、moneyflow表。该案例数据可以从本书提供的代码托管地址页面下载。

daily表存放股票价格的交易数据，包括交易日期、开盘价、收盘价，部分数据如图5-8所示。

dailybasic表存放股票的其他交易数据，包括交易日期、换手率、市盈率，部分数据如图5-9所示。

交易日期	开盘价	收盘价
20200803	3.34	3.34
20200804	3.35	3.38
20200805	3.38	3.35
20200806	3.36	3.36
20200807	3.36	3.34

交易日期	换手率	市盈率
20200803	0.0695	5.2467
20200804	0.0883	5.3095
20200805	0.0426	5.2624
20200806	0.0491	5.2781
20200807	0.0479	5.2467

图 5-8　股票数据工作表 daily 内容示例　　图 5-9　股票数据工作表 dailybasic 内容示例

moneyflow表存放交易的资金数据，包括交易日期、净流入额，部分数据如图5-10所示。

交易日期	净流入额
20200803	-7292.43
20200805	-13334.66
20200806	-3514.92
20200807	-4127.28

图 5-10　股票数据工作表 moneyflow 内容示例

※ Excel实现

在Excel中进行数据选择使用前面小节中讲解的方式即可。

※ Python实现

在Spyder中输入代码，并保存为Chapter5-example.py，完成数据选择的案例实践。

步骤1：从StockData.xlsx中将数据分别读入3个DataFrame中。代码参考如下：

```
import pandas as pd
df_daily = pd.read_excel("D:/DataAnalysis/Chapter05Data/StockData.xlsx",
                         sheet_name = "daily")
df_dailybasic = pd.read_excel("D:/DataAnalysis/Chapter05Data/StockData.xlsx",
                         sheet_name = "dailybasic")
df_moneyflow = pd.read_excel("D:/DataAnalysis/Chapter05Data/StockData.xlsx",
                         sheet_name = "moneyflow")
```

步骤2：进行数据预处理，将3个表的交易日期列数据类型设置为字符串型，并设置为索引列。代码参考如下：

```
df_daily[" 交易日期 "] = df_daily[" 交易日期 "].astype(str)
df_daily.set_index(" 交易日期 ", inplace = True)
df_dailybasic[" 交易日期 "] = df_dailybasic[" 交易日期 "].astype(str)
df_dailybasic.set_index(" 交易日期 ", inplace = True)
df_moneyflow[" 交易日期 "] = df_moneyflow[" 交易日期 "].astype(str)
df_moneyflow.set_index(" 交易日期 ", inplace = True)
```

步骤3：分别从3个DataFrame数据对象中选取2020年8月3日至8月7日的"收盘价""换手

率"和"净流入额"数据，并将选取的数据存入3个DataFrame数据对象中。代码参考如下：

```
df_dailyfw = df_daily.loc["20200803":"20200807", " 收盘价 "]
df_dailybasicfw = df_dailybasic.loc["20200803":"20200807", " 换手率 "]
df_moneyflowfw = df_moneyflow.loc["20200803":"20200807", " 净流入额 "]
```

步骤4：将步骤3中的3个DataFrame数据对象进行横向合并，并设定连接键为"交易日期"列。代码参考如下：

```
df_fw = pd.merge(df_dailyfw, df_dailybasicfw, on = " 交易日期 ")
```

执行后终端显示结果如下：

交易日期	收盘价	换手率
20200803	3.34	0.0695
20200804	3.38	0.0883
20200805	3.35	0.0426
20200806	3.36	0.0491
20200807	3.34	0.0479

步骤5：将"净流入额"数据合并到df_fw中。"净流入额"数据中由于缺少2020年8月4日的数据，因此在进行数据合并时不能使用默认的内连接，需要使用左连接或右连接。

方法1：使用左连接方式，即覆盖全部交易日期。代码参考如下：

```
df = pd.merge(df_fw, df_moneyflowfw, on = " 交易日期 ", how = "left")
```

左连接方式的结果中由于2020年8月4日缺少"净流入额"数据，因此该项显示为NaN，终端显示结果如下：

交易日期	收盘价	换手率	净流入额
20200803	3.34	0.0695	-7292.43
20200804	3.38	0.0883	NaN
20200805	3.35	0.0426	-13334.66
20200806	3.36	0.0491	-3514.92
20200807	3.34	0.0479	-4127.28

方法2：使用右连接方式，"净流入额"缺少部分将被删除。代码参考如下：

```
df = pd.merge(df_fw, df_moneyflowfw, on = " 交易日期 ", how = "right")
```

右连接方式的结果中由于2020年8月4日缺少"净流入额"数据，因此该项将不显示在最终结果中。终端显示结果如下：

交易日期	收盘价	换手率	净流入额
20200803	3.34	0.0695	-7292.43
20200805	3.35	0.0426	-13334.66
20200806	3.36	0.0491	-3514.92
20200807	3.34	0.0479	-4127.28

5.5 本章小结

　　本章对数据分析的数据选择或查询进行了介绍，包括行列选择、区域选择、多表合并等多种数据选择方法。在数据选择中，Excel和Python都可以很方便地选择数据，Excel的操作相对简单，Python的处理方法更灵活。

第6章　从零开始构建有保障的荒岛生活
——数据运算

当掘金者在荒岛上确定了食物来源后，还要考虑如何储存食物、确保食物来源的稳定，这些都是今后可以安全生活在荒岛的保障。当这些问题都解决之后，掘金者就要正式开始在荒岛的生活了。

在数据分析中获取了数据并进行相应的处理后，还要对数据进行一些必要的计算，这是进行数据分析的基础工作。本章思维导图如下：

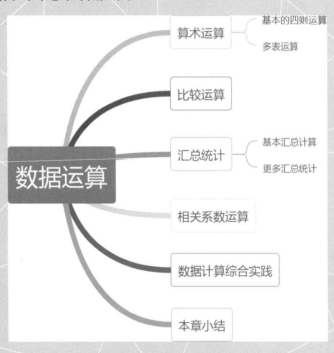

6.1 算术运算

数据计算中最简单的是算术运算，算术运算主要包括加、减、乘、除等基本运算，算术运算可以应用于单个数据，也可以应用于多个数据。

6.1.1 基本的四则运算

四则运算是指加、减、乘、除四种运算，是最简单的算术运算。

【案例6-1】四则运算。

新建一个Excel表，命名为ComData.xlsx。然后在工作表中输入两列数据data1和data2（见图6-1），然后对数据进行四则运算。

	A	B	C	D
1	data1	data2		
2	10	44		
3	83	25		
4	71	22		

图6-1 四则运算准备数据内容显示

※ Excel实现

Excel中进行四则运算，仅使用公式和填充句柄即可实现。

将data1列和data2列相加的结果存入data3列中，只需在C2单元格输入以下公式：

$$fx = A2+B2$$

计算后再使用填充句柄填充其他单元格即可，结果如图6-2所示。

C2		fx	=A2+B2	
	A	B	C	D
1	data1	data2	data3	
2	10	44	54	
3	83	25	108	
4	71	22	93	

图6-2 Excel实现数据列相加

其他四则运算与加法运算相似，在此不再展开讲解。

※ Python实现

Python中四则运算的运算符：+、-、*、/。

首先，在Spyder中编写代码读入ComData.xlsx文件中所有数据：

```
import pandas as pd
df = pd.read_excel("D:/DataAnalysis/Chapter06Data/ComData.xlsx")
print(df)
```

执行后终端显示结果如下：

```
   data1  data2  data3
0     10     44    NaN
```

1	83	25	NaN
2	71	22	NaN

将data1列和data2列的数据相加存入data3列中。代码参考如下：

```
df["data3"] = df["data1"] + df["data2"]
print(df)
```

执行后终端显示结果如下：

	data1	data2	data3
0	10	44	54
1	83	25	108
2	71	22	93

将数据相减、相乘和相除与以上的相加操作一致，改变运算符号即可得到结果。

也可以对数据列进行组合算术运算操作。例如，将data1列和data2列的数据相加后再乘以2存入data3列中。代码参考如下：

```
df["data3"] = (df["data1"] + df["data2"]) * 2
print(df)
```

执行后终端显示结果如下：

	data1	data2	data3
0	10	44	108
1	83	25	216
2	71	22	186

也可以对某一列数据直接进行四则运算，如将data1列数据全部加10。代码参考如下：

```
df["data1"] = df["data1"] + 10
print(df)
```

执行后终端显示结果如下：

	data1	data2	data3
0	20	44	108
1	93	25	216
2	81	22	186

6.1.2　多表运算

在进行四则运算时，不仅可以使用同一个表中的数据，还可以使用不同表中的数据，即多表四则运算。

【案例6-2】多表运算。

扫一扫，看视频讲解

先创建一个Excel文件，命名为ComDataSheet.xlsx，再在其中新建3个工作表，分别命名为com1、com2和com3表；然后在com1表中输入数据列data1，com2表输入数据列data2，实现将com1和com2表的数据计算后保存到com3表中。案例中的数据内容显示如图6-3所示。

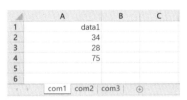

图6-3 案例文件数据内容显示

※ Excel实现

进行多表四则运算只需在公式中加入相应表名。

将com1表的data1列和com2表的data2列相加的结果存入com3表的data3列中。在com3表中data3列的A2单元格输入以下公式：

$$fx = 'com1'!A2+'com2'!B2$$

计算后再使用填充句柄填充其他单元格即可，结果显示如图6-4所示。

图6-4 Excel实现多表运算结果显示

※ Python实现

打开Spyder软件，输入代码完成数据合并运算。首先，读入ComDataSheet.xlsx文件中的3个表数据。

```
import pandas as pd
df_com1 = pd.read_excel("D:/DataAnalysis/Chapter06Data/ComDataSheet.xlsx",
                        sheet_name = "com1")
df_com2 = pd.read_excel("D:/DataAnalysis/Chapter06Data/ComDataSheet.xlsx",
                        sheet_name = "com2")
df_com3 = pd.read_excel("D:/DataAnalysis/Chapter06Data/ComDataSheet.xlsx",
                        sheet_name = "com3")
```

将df_com1中data1列和df_com2中data2列的数据相加存入df_com3中的data3列。代码参考如下：

```
df_com3["data3"] = df_com1["data1"] + df_com2["data2"]
print(df_com3)
```

由于df_com2比df_com1少一行数据，因此最后一行的计算结果为NaN，执行后终端显示结果如下：

```
      data3
0     53.0
1     71.0
2     NaN
```

6.2 比较运算

比较运算属于关系运算，即比较两个数据的大小，得到的结果为True或False。

【案例6-3】谁大谁小，返回True/False。

本案例继续使用【案例6-1】中的数据。

※ Excel实现

使用IF()函数和填充句柄即可实现关系运算。

将data1列和data2列的比较结果存入data3列中。在C2单元格输入以下公式：

$$fx = IF(A2>B2,TRUE)$$

计算后再使用填充句柄填充其他单元格即可，计算结果如图6-5所示。

	A	B	C
1	data1	data2	data3
2	10	44	FALSE
3	83	25	TRUE
4	71	22	TRUE

图 6-5　Excel 实现多表运算结果显示

其他比较运算与大于运算相似，在此不再展开讲解。

※ Python实现

Python中比较运算的运算符:>、<、>=、<=、==、!=。首先，读入ComData.xlsx文件中所有数据。

```
import pandas as pd
df = pd.read_excel("D:/DataAnalysis/Chapter06Data/ComData.xlsx")
```

将data1列是否大于data2列数据的表结果存入data3列中。代码参考如下：

```
df["data3"] = df["data1"] > df["data2"]
print(df)
```

执行后终端显示结果如下：

```
   data1  data2  data3
0     10     44  False
1     83     25   True
2     71     22   True
```

6.3 汇总统计

通过四则运算和比较运算可以获得部分数据的关联关系，但这些关联数据并不能反映所有数据的分布情况，因此需要通过一些量化数据来获得所有数据的特征。汇总统计可以获得包括均值、标准差等量化数据，从而获得对整体数据的描述。

🖥 6.3.1　基本汇总计算

基本汇总数据包括非空个数、和、均值、最值等基本特征数据。

【案例6-4】统计元素个数。

统计元素个数是获得区域数据中非空数值的个数。本案例使用北京2020年2月18日PM10部分观测点数据，文件名称为BJPM10.csv，数据中无缺失值。案例数据可以从本书提供的代码托管地址页面下载。

文件中部分数据如图6-6所示。

	A	B	C	D	E	F	G
1	date	hour	官园	奥林中心	农展馆	万柳	北部新区
2	20200218	0	29	23	23	28	44
3	20200218	1	28	29	28	26	24
4	20200218	2	23	32	25	28	27
5	20200218	3	27	19	27	34	31
6	20200218	4	16	18	22	28	22
7	20200218	5	21	13	25	26	24
8	20200218	6	14	9	15	20	20
9	20200218	7	18	13	13	23	20
10	20200218	8	24	16	19	23	25
11	20200218	9	18	20	16	18	30

图6-6　案例使用的PM10部分观测点数据内容

※ Excel实现

使用COUNTA函数统计非空单元格个数。在存放统计结果的单元格中输入以下公式：

$$fx = COUNTA(C2:G11)$$

结果为所有观测点中非空单元格的个数，如图6-7所示。

H11			×	✓	fx	=COUNTA(C2:G11)		
	A	B	C	D	E	F	G	H
1	date	hour	官园	奥林中心	农展馆	万柳	北部新区	
2	20200218	0	29	23	23	28	44	
3	20200218	1	28	29	28	26	24	
4	20200218	2	23	32	25	28	27	
5	20200218	3	27	19	27	34	31	
6	20200218	4	16	18	22	28	22	
7	20200218	5	21	13	25	26	24	
8	20200218	6	14	9	15	20	20	
9	20200218	7	18	13	13	23	20	
10	20200218	8	24	16	19	23	25	
11	20200218	9	18	20	16	18	30	50

图6-7　Excel实现统计非空元素个数示例

※ Python实现

通过调用DataFrame数据对象的count方法统计每列或每行非空数值的个数，其语法格式如下：

```
pandas.DataFrame.count( axis=0 )          # axis 指定统计行或列
```

首先，在Spyder中编程读入BJPM10.csv文件中的所有数据：

```
import pandas as pd
df = pd.read_csv("D:/DataAnalysis/Chapter06Data/BJPM10.csv")
```

默认情况下，使用count方法统计每列非空数值个数，代码如下：

```
print(df.count())
```

执行后终端显示结果如下，可以看出每列有24个数据，分别为2020年2月18日0时至23时共24个小时各观测点的观测数据：

```
date      24
hour      24
官园        24
奥体中心     24
农展馆       24
万柳        24
北部新区      24
dtype: int64
```

也可以设定axis参数值为1来实现统计每行非空数值个数。代码参考如下：

```
print(df.count(axis = 1))
```

执行后终端显示部分结果如下，可以看出每行有7个数据，分别为日期、时间和5个观测点的观测数据：

```
0    7
1    7
2    7
3    7
```

【案例6-5】求和计算。

统计求和就是获得区域数据中所有数据之和，本案例继续使用【案例6-4】中的数据。

※ Excel实现

使用SUM函数求和计算。在存放统计结果的单元格中输入以下公式：

$$fx = SUM(C2:G11)$$

结果为某个时刻所有观测站点的观测数据之和，如图6-8所示。

	A	B	C	D	E	F	G	H
						fx	=SUM(C2:G11)	
1	date	hour	官园	奥林中心	农展馆	万柳	北部新区	
2	20200218	0	29	23	23	28	44	
3	20200218	1	28	29	28	26	24	
4	20200218	2	23	32	25	28	27	
5	20200218	3	27	19	27	34	31	
6	20200218	4	16	18	22	28	22	
7	20200218	5	21	13	25	26	24	
8	20200218	6	14	9	15	20	20	
9	20200218	7	18	13	13	23	20	
10	20200218	8	24	16	19	23	25	
11	20200218	9	18	20	16	18	30	1144

图6-8　Excel 实现计算区域数值之和示例

※ Python实现

通过调用DataFrame数据对象的sum方法统计每列或每行中数值的和，其语法格式如下：

```
pandas.DataFrame.sum( axis=0 )            # axis 指定计算行或列
```

默认情况下，使用count方法计算每列数值之和，但在本案例中只需统计观测站点的观测数据，无须包含日期和时间，因此需要选取所有观测站点的观测数据再进行求和。代码参考如下：

```
# 通过调用 iloc 方法选取所有站点观测数据后再求和
print(df.iloc[:,2:7].sum())
```

执行后终端显示结果如下，结果为每个观测站点24小时所有观测数据之和：

```
官园         588
奥体中心     549
农展馆       585
万柳         665
北部新区     681
dtype: int64
```

也可以设定axis参数值为1来计算每行数据之和。代码参考如下：

```
print(df.iloc[:,2:7].sum(axis = 1))
```

执行后终端显示部分结果如下，结果为每小时所有观测站点的观测数据之和：

```
0      147
1      135
2      135
3      138
```

【案例6-6】计算平均值。

计算平均值就是计算数据区域中所有数据的平均值，本案例继续使用【案例6-4】中的数据。

※ Excel实现

使用AVERAGE函数计算平均值。在存放统计结果的单元格中输入以下公式：

$$fx = AVERAGE(C2:G11)$$

结果为某个时刻所有观测站点观测数据的平均值，如图6-9所示。

H11	▾	✕	✓	fx	=AVERAGE(C2:G11)		
▲	A	B	C	D	E	F	G	H
1	date	hour	官园	奥林中心	农展馆	万柳	北部新区	
2	20200218	0	29	23	23	28	44	
3	20200218	1	28	29	28	26	24	
4	20200218	2	23	32	25	28	27	
5	20200218	3	27	19	27	34	31	
6	20200218	4	16	18	22	28	22	
7	20200218	5	21	13	25	26	24	
8	20200218	6	14	9	15	20	20	
9	20200218	7	18	13	13	23	20	
10	20200218	8	24	16	19	23	25	
11	20200218	9	18	20	16	18	30	22.88

图6-9　Excel实现计算平均值示例

※ Python实现

通过调用DataFrame数据对象的mean方法统计每列或每行中数值的平均值，其语法格式如下：

```
pandas.DataFrame.mean( axis=0 )            # axis 指定计算行或列
```

默认情况下，使用mean方法统计每列数据的平均值，但在本案例中只需统计观测站点观测数据，无须包含日期和时间，因此需要选取所有观测站点观测数据再求平均值。代码参考如下：

```
# 通过调用 iloc 方法选取所有站点观测数据后再求平均值
print(df.iloc[:,2:7].mean())
```

执行后终端显示结果如下，结果为每个观测站点 24 小时所有观测数据的平均值：

```
官园        24.500000
奥体中心      22.875000
农展馆       24.375000
万柳        27.708333
北部新区      28.375000
dtype: float64
```

也可以设定 axis 参数值为 1 来计算每行数据的平均值。代码参考如下：

```
print(df.iloc[:,2:7].mean(axis = 1))
```

执行后终端显示部分结果如下，结果为每小时所有观测站点观测数据的平均值：

```
0        29.4
1        27.0
2        27.0
3        27.6
```

【案例6-7】求最大/最小值。

扫一扫，看视频讲解

计算最值就是获得区域数据中所有数据的最值（包括最大值和最小值），本案例继续使用【案例6-4】中的数据。

※ Excel实现

使用MAX函数计算最大值，使用MIN函数计算最小值。在存放统计结果的单元格中输入以下公式：

$$fx = MAX(C2:G2)$$

结果为某个时刻所有观测站点观测数据的最大值,如果要计算最小值，将MAX替换为MIN函数即可，计算结果如图6-10所示。

H11				fx	=MAX(C2:G11)			
	A	B	C	D	E	F	G	H
1	date	hour	官园	奥林中心	农展馆	万柳	北部新区	
2	20200218	0	29	23	23	28	44	
3	20200218	1	28	29	28	26	24	
4	20200218	2	23	32	25	28	27	
5	20200218	3	27	19	27	34	31	
6	20200218	4	16	18	22	28	22	
7	20200218	5	21	13	25	26	24	
8	20200218	6	14	9	15	20	20	
9	20200218	7	18	13	19	23	20	
10	20200218	8	24	16	19	23	25	
11	20200218	9	18	20	16	18	30	44

图 6-10　Excel 实现计算最大值示例

※ Python实现

通过调用DataFrame数据对象的max方法计算每列或每行中数值的最大值，其语法格式如下：

```
pandas.DataFrame.max( axis=0 )
```

通过调用DataFrame数据对象的min方法计算每列或每行中数值的最小值，其语法格式如下：

```
pandas.DataFrame.min( axis=0 )
```

默认情况下，使用max方法统计每列的最大值，通过设定axis参数值为1实现计算每行的最大值，即求某个时刻所有观测站点观测数据的最大值。本案例中只需统计观测站点观测数据，无须包含日期和时间，因此需要选取所有站点观测数据再求最大值。代码参考如下：

```
# 通过调用 iloc 方法选取所有站点观测数据后再求最大值
print(df.iloc[:,2:7].max(axis = 1))
```

执行后终端显示部分结果如下，结果为每小时所有观测站点观测数据的最大值：

```
0    44
1    29
2    32
3    34
```

统计每行最小值与求最大值相似。只需要将max替换为min函数即可。

6.3.2 更多汇总统计

除了求个数、和、平均值、最值以外，还有其他统计数据对数据分析也非常有用，包括中位数、众数、方差、标准差等。

【案例6-8】计算中位数。

中位数又称为中值，是所有数据按照指定规则排序后位于中间位置的数，当数据中存在极大值或极小值时，用中位数作为代表值要比用算术平均数更好，因为中位数不受极端值的影响，可以更好地反映中间水平。

计算中位数就是获得区域数据中所有数据的中位数，本案例继续使用【案例6-4】中的数据。

※ Excel实现

使用MEDIAN函数计算中位数。在存放统计结果的单元格中输入以下公式：

$$fx = MEDIAN(C2:G2)$$

结果为某个时刻所有观测站点观测数据的中位数，如图6-11所示。

	A	B	C	D	E	F	G	H
1	date	hour	官园	奥林中心	农展馆	万柳	北部新区	
2	20200218	0	29	23	23	28	44	
3	20200218	1	28	29	28	26	24	
4	20200218	2	23	32	25	28	27	
5	20200218	3	27	19	27	34	31	
6	20200218	4	16	18	22	28	22	
7	20200218	5	21	13	25	26	24	
8	20200218	6	14	18	15	20	20	
9	20200218	7	18	13	13	23	20	
10	20200218	8	24	16	19	23	25	
11	20200218	9	18	20	16	18	30	28

图6-11 Excel实现中位数计算示例

※ Python实现

通过调用DataFrame数据对象的median方法计算每列或每行中数值的中位数，其语法格式如下：

```
pandas.DataFrame.median( axis=0 )
```

默认情况下，使用median方法计算每列中位数，通过设定axis参数值为1实现统计每行中位数，即求每小时所有观测站点观测数据的中位数。本案例中只需统计观测站点观测数据，无须包含日期和时间，因此需要选取所有站点的观测数据再求中位数。代码参考如下：

```
# 通过调用 iloc 方法选取所有站点观测数据后再求中位数
print(df.iloc[:,2:7].median(axis = 1))
```

执行后终端显示部分结果如下，结果为每小时所有观测站点观测数据的中位数：

```
0    28.0
1    28.0
2    27.0
```

【案例6-9】计算众数。

扫一扫，看视频讲解

众数是所有数据中出现次数最多的数，可以反映数据的一般水平。

计算众数就是获得数据区域中所有数据的众数，本案例继续使用【案例6-4】中的数据。

※ Excel实现

使用MODE函数计算众数。在存放统计结果的单元格中输入以下公式：

$$fx = MODE(C2:G2)$$

结果为某个时刻所有观测站点观测数据的众数，如图6-12所示。

	A	B	C	D	E	F	G	H
	date	hour	官园	奥林中心	农展馆	万柳	北部新区	
2	20200218	0	29	23	23	28	44	
3	20200218	1	28	29	28	26	24	
4	20200218	2	23	32	25	28	27	
5	20200218	3	27	19	27	34	31	
6	20200218	4	16	18	22	28	22	
7	20200218	5	21	13	25	26	24	
8	20200218	6	14	9	15	20	20	
9	20200218	7	18	13	13	23	20	
10	20200218	8	24	16	19	23	25	
11	20200218	9	18	20	16	18	30	23

H11 fx =MODE(C2:G2)

图 6-12　Excel 实现众数计算示例

※ Python实现

通过调用DataFrame数据对象的mode方法统计每列或每行中数值的众数，其语法格式如下：

```
pandas.DataFrame.mode( axis=0 )
```

默认情况下，使用mode方法计算每列众数，通过设定axis参数值为1实现计算每行众数，即求每小时所有观测站点观测数据的众数。本案例中只需统计观测站点的观测数据，无须包含日期和时间，因此需要选取所有站点观测数据再求众数。代码参考如下：

```
print(df.iloc[:,2:7].mode(axis = 1))
```

执行后终端显示的部分结果如下，结果为每小时所有观测站点观测数据的众数：

	0	1	2	3	4
0	23.0	NaN	NaN	NaN	NaN
1	28.0	NaN	NaN	NaN	NaN

| 2 | 23.0 | 25.0 | 27.0 | 28.0 | 32.0 |
| 3 | 27.0 | NaN | NaN | NaN | NaN |

每行中第1列数据为众数，从结果可以看出第0、1、3行存在众数，而第2行由于5个数据各不相同，因此不存在众数，只显示原数据，因此该行会出现5个数据。

【案例6-10】计算方差。

方差是每个数值与所有数值的平均数之差的平方的平均数，用来统计数据的离散程度，即数据的偏离程度。

计算方差就是获得区域数据中所有数据的方差，本案例继续使用【案例6-4】中的数据。

※ Excel实现

使用VAR函数计算方差。在存放统计结果的单元格中输入以下公式：

$$fx = \text{VAR(C2:G2)}$$

结果为某个时刻所有观测站点观测数据的方差，如图6-13所示。

	A	B	C	D	E	F	G	H
1	date	hour	官园	奥林中心	农展馆	万柳	北部新区	
2	20200218	0	29	23	23	28	44	
3	20200218	1	28	29	28	26	24	
4	20200218	2	23	32	25	28	27	
5	20200218	3	27	19	27	24	31	
6	20200218	4	16	18	22	28	22	
7	20200218	5	21	13	25	26	24	
8	20200218	6	14	9	15	20	20	
9	20200218	7	18	13	13	23	20	
10	20200218	8	24	16	19	23	25	
11	20200218	9	18	20	16	18	30	74.3

图6-13　Excel实现方差计算示例

※ Python实现

通过调用DataFrame数据对象的var方法统计每列或每行中数值的方差，其语法格式如下：

```
pandas.DataFrame.var( axis=0 )
```

默认情况下，使用var方法计算每列的方差，通过设定axis参数值为1实现计算每行的方差，即求每小时所有观测站点观测数据的方差。本案例中只需统计观测站点观测数据，无须包含日期和时间，因此需要选取所有站点观测数据再求方差。代码参考如下：

```
print(df.iloc[:,2:7].var(axis = 1))
```

执行后终端显示的部分结果如下，结果为每小时所有观测站点观测数据的方差：

```
0    74.3
1     4.0
2    11.5
3    31.8
```

【案例6-11】计算标准差。

标准差是方差的算术平方根，用来统计数据的离散程度。

计算标准差就是获得数据区域中所有数据的标准差，本案例继续使用【案例6-4】中的数据。

※ Excel实现

使用STDEV函数计算标准差。在存放统计结果的单元格中输入以下公式：

$$fx = \text{STDEV(C2:G2)}$$

结果为某个时刻所有观测站点观测数据的标准差，如图6-14所示。

	A	B	C	D	E	F	G	H
1	date	hour	官园	奥林中心	农展馆	万柳	北部新区	
2	20200218	0	29	23	23	28	44	
3	20200218	1	28	29	28	26	24	
4	20200218	2	23	32	25	28	27	
5	20200218	3	27	19	27	34	31	
6	20200218	4	16	18	22	28	22	
7	20200218	5	21	13	25	26	24	
8	20200218	6	14	9	15	20	20	
9	20200218	7	18	13	13	23	20	
10	20200218	8	24	16	19	23	25	
11	20200218	9	18	20	16	18	30	8.619745

图6-14　Excel 实现标准差计算示例

※ Python实现

通过调用DataFrame数据对象的std方法计算每列或每行中数值的标准差，其语法格式如下：

```
pandas.DataFrame.std( axis=0 )
```

默认情况下，使用std方法计算每列的标准差，通过设定axis参数值为1实现计算每行的标准差，即求每小时所有观测站点观测数据的标准差。本案例中只需统计观测站点观测数据，无须包含日期和时间，因此需要选取所有站点观测数据再求标准差。代码参考如下：

```
print(df.iloc[:,2:7].std(axis = 1))
```

执行后终端显示部分结果如下，结果为每小时所有观测站点观测数据的标准差：

```
0        8.619745
1        2.000000
2        3.391165
3        5.639149
```

6.4　相关系数运算

相关系数最早是由统计学家卡尔·皮尔逊设计的统计指标，是度量两个变量之间相关程度的量，即两者之间的关联程度。

【案例6-12】计算相关系数。

本案例继续使用【案例6-4】中的数据，计算各观测站点观测数据之间的相关系数。

※ Excel实现

使用CORREL函数计算相关系数。在存放统计结果的单元格中输入以下公式：

$$fx = \text{CORREL(C2:C11,D2:D11)}$$

结果为"官园"和"奥体中心"两个观测站点观测数据的相关系数，如图6-15所示。

图 6-15　Excel 实现相关系数计算示例

※ Python实现

通过调用DataFrame数据对象的corr方法计算数据相关系数，其语法格式如下：

```
pandas.DataFrame.corr()
```

本案例中只需统计观测站点观测数据，无须包含日期和时间，因此需要选取所有站点观测数据再求相关系数。代码参考如下：

```
print(df.iloc[:,2:7].corr())
```

执行后终端显示结果如下，从结果可以看出"官园"与"奥体中心"和"农展馆"之间的关联度较高：

	官园	奥体中心	农展馆	万柳	北部新区
官园	1.000000	0.888313	0.879824	0.783015	0.390591
奥体中心	0.888313	1.000000	0.833471	0.696289	0.412387
农展馆	0.879824	0.833471	1.000000	0.855638	0.386782
万柳	0.783015	0.696289	0.855638	1.000000	0.497885
北部新区	0.390591	0.412387	0.386782	0.497885	1.000000

6.5　数据计算综合实践

至此，已经介绍了如何进行数据运算，其中包括四则运算、比较运算、汇总统计。下面将通过一个综合案例进一步巩固数据运算的相关知识。

【案例6-13】白葡萄酒质量评分数据计算案例。

本案例中使用的数据源文件为白葡萄酒质量评分数据，文件名为winequality-white.csv，其中包含的非挥发性酸、挥发性酸、柠檬酸等十多个指标是对白葡萄酒的评分，数据之间采用分号作为分隔符。本案例数据可以直接在UCI机器学习数据集网站下载，链接地址为http://archive.ics.uci.edu/ml/datasets/Wine+Quality，也可以从本书数据素材中下载。

案例中将对各指标进行汇总统计，并对各指标之间的相关性进行分析。

※ Excel实现

通过导入CSV文件打开数据源文件，读入后部分数据显示如图6-16所示。

	fixed acid	volatile ac	citric acid	residual suga	chlorides	free sulfur	total sulfur	density	pH	sulphates	alcohol	quality
2	7	0.27	0.36	20.7	0.045	45	170	1.001	3	0.45	8.8	6
3	6.3	0.3	0.34	1.6	0.049	14	132	0.994	3.3	0.49	9.5	6
4	8.1	0.28	0.4	6.9	0.05	30	97	0.9951	3.26	0.44	10.1	6
5	7.2	0.23	0.32	8.5	0.058	47	186	0.9956	3.19	0.4	9.9	6
6	7.2	0.23	0.32	8.5	0.058	47	186	0.9956	3.19	0.4	9.9	6
7	8.1	0.28	0.4	6.9	0.05	30	97	0.9951	3.26	0.44	10.1	6
8	6.2	0.32	0.16	7	0.045	30	136	0.9949	3.18	0.47	9.6	6
9	7	0.27	0.36	20.7	0.045	45	170	1.001	3	0.45	8.8	6
10	6.3	0.3	0.34	1.6	0.049	14	132	0.994	3.3	0.49	9.5	6
11	8.1	0.22	0.43	1.5	0.044	28	129	0.9938	3.22	0.45	11	6
12	8.1	0.27	0.41	1.45	0.033	11	63	0.9908	2.99	0.56	12	5
13	8.6	0.23	0.4	4.2	0.035	17	109	0.9947	3.14	0.53	9.7	5
14	7.9	0.18	0.37	1.2	0.04	16	75	0.992	3.18	0.63	10.8	5
15	6.6	0.16	0.4	1.5	0.044	48	143	0.9912	3.54	0.52	12.4	7
16	8.3	0.42	0.62	19.25	0.04	41	172	1.0002	2.98	0.67	9.7	5

图 6-16　白葡萄酒质量评分部分数据显示

下面计算fixed acidity列数据的个数、平均值、最大值、最小值、中位数、众数、方差、标准差等统计信息，建立一个新的数据列，然后根据前述方法，在单元格里输入计算公式参考如下：

- 统计个数：=COUNTA(A2:A4899)
- 求平均值：=AVERAGE(A2:A4899)
- 求最大值：=MAX(A2:A4899)
- 求最小值：=MIN(A2:A4899)
- 求中位数：=MEDIAN(A2:A4899)
- 求众数：=MODE(A2:A4899)
- 求方差：=VAR(A2:A4899)
- 求标准差：=STDEV(A2:A4899)

计算结果如图6-17所示。

统计个数：	4898
求平均值：	6.854787668
求最大值：	14.2
求最小值：	3.8
求中位数：	6.8
求众数：	6.8
求方差：	0.712113586
求标准差：	0.843868228

图 6-17　案例数据集 fixed acidity 列数值统计计算结果

各列属性数据均与白葡萄酒质量评分有关，这里尝试计算第K列alcohol属性和第L列quality属性之间的相关系数，查看这两个指标的关联程度，公式如下：

fx =CORREL(K2:K4899,L2:L4899)

计算结果得到相关系数为0.4355。通过相关系数值可以看出alcohol属性列和quality质量列具有一定的相关性。

※ Python实现

打开Spyder新建一个Python文件，命名为Chapter6-example.py，然后按如下步骤编写代码。

首先，读入winequality-white.csv文件中的所有数据。

```
import pandas as pd
df = pd.read_csv("D:/DataAnalysis/Chapter06Data/winequality-white.csv", sep = ";")
```

计算fixed acidity列的个数、平均值、最大值、最小值、中位数、众数、方差、标准差。代码参考如下：

```
print("统计个数: " + str(df["fixed acidity"].count()))
print("求平均值: " + str(df["fixed acidity"].mean()))
print("求最大值: " + str(df["fixed acidity"].max()))
print("求最小值: " + str(df["fixed acidity"].min()))
print("求中位数: " + str(df["fixed acidity"].median()))
print("求众数: " + str(df["fixed acidity"].mode()))
print("求方差: " + str(df["fixed acidity"].var()))
print("求标准差: " + str(df["fixed acidity"].std()))
```

执行后终端显示结果如下：

```
统计个数: 4898
求平均值: 6.854787668436075
求最大值: 14.2
求最小值: 3.8
求中位数: 6.8
求众数: 0    6.8
dtype: float64
求方差: 0.712113585700474
求标准差: 0.8438682276875188
```

计算alcohol列和quality列的相关系数。代码参考如下：

```
print(df.iloc[:,[10,11]].corr())
```

执行后终端显示结果如下，可以看出两列数据具有一定的相关性：

```
           alcohol     quality
alcohol    1.000000    0.435575
quality    0.435575    1.000000
```

6.6　本章小结

本章对数据运算进行了介绍，包括算术运算、比较运算、汇总统计等多种数据计算方法。在数据计算中Excel和Python都需要使用相应函数或方法进行计算，计算方式也较为灵活便捷。

第 7 章 衣食住行！各方面要兼顾
——数据分组

开始荒岛生活后，除了基本生存外，还需要考虑其他方面，如穿什么衣服、如何探索荒岛等，都是日后生活需要解决的问题。这些问题虽然比不上获取食物那么紧迫，但也同样关系到今后能否在荒岛上继续生活。为了在荒岛长久生活，衣食住行等各种情况都必须考虑。

类比数据分析，对数据进行相应运算并获取了一些统计值后，还需要获取更多的统计信息，这些信息有助于分析数据、获取数据中隐藏的内容。本章思维导图如下：

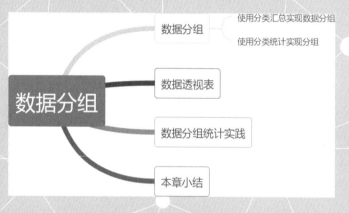

7.1　数据分组

数据分组就是将所有数据按照一个或多个类别分成若干个集合，通常分组之后还会在子数据集上进行运算，这些运算被称为聚合函数。

7.1.1　使用分类汇总实现数据分组

分组是按照指定条件将给定数据分成若干组的过程。例如，按照学生班级分组统计各班级成绩，按照城市名称分组统计每个城市销售额，其应用领域非常广泛。

【案例7-1】财务报销数据分组。

本案例使用员工财务报销数据作为数据源，文件名称为Account.xlsx，其中包含日期、报销人、报销部门、费用项目、金额等。案例数据可以从本书提供的代码托管地址页面下载。

部分数据显示如图7-1所示。

日期	报销人	报销部门	费用项目	金额（元）
2016/8/1	张思	财务部	交通费	5001
2016/8/2	刘丰	财务部	招待费	3333
2016/8/3	童三峰	科技部	交通费	3152
2016/8/4	凌风	财务部	招待费	1583
2016/8/5	刘琴	销售部	交通费	2266
2016/8/6	罗泰	科技部	通讯费	3335
2016/8/7	凌风	销售部	交通费	1276
2016/8/8	林苹苹	销售部	招待费	2666

图 7-1　案例数据内容显示

下面实现对报销数据按"报销部门""费用项目"等分类进行数据分组汇总。

※ Excel实现

使用分类汇总功能对数据进行分组，在分类汇总前需要对分类项进行排序，本案例中按照"报销部门"进行分类汇总，首先需要对"报销部门"列进行排序（升序降序均可），排序后结果如图7-2所示。

	A	B	C	D	E
1	日期	报销人	报销部门	费用项目	金额（元）
2	2016/8/1	张思	财务部	交通费	5001
3	2016/8/2	刘丰	财务部	招待费	3333
4	2016/8/4	凌风	财务部	招待费	1583
5	2016/8/3	童三峰	科技部	交通费	3152
6	2016/8/6	罗泰	科技部	通讯费	3335
7	2016/8/5	刘琴	销售部	交通费	2266
8	2016/8/7	凌风	销售部	交通费	1276
9	2016/8/8	林苹苹	销售部	招待费	2666

图 7-2　案例数据内容排序效果

排序完成后，选择要进行分类汇总的数据，选择【数据】面板中【分级显示】栏的【分类汇总】菜单打开【分类汇总】窗口。其中分类字段选择"报销部门"，汇总方式选择"求和"，汇总项选择"金额（元）"，如图7-3所示。

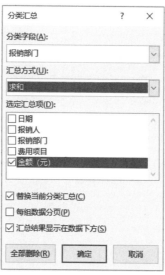

图 7-3　设置分类汇总

按照"报销部门"汇总每个部门的报销金额。最终汇总结果如图7-4所示。

	A	B	C	D	E
1	日期	报销人	报销部门	费用项目	金额（元）
2	2016/8/1	张思	财务部	交通费	5001
3	2016/8/2	刘丰	财务部	招待费	3333
4	2016/8/4	凌风	财务部	招待费	1583
5			财务部 汇总		9917
6	2016/8/3	童三峰	科技部	交通费	3152
7	2016/8/6	罗秦	科技部	通讯费	3335
8			科技部 汇总		6487
9	2016/8/5	刘琴	销售部	交通费	2266
10	2016/8/7	凌风	销售部	交通费	1276
11	2016/8/8	林苹苹	销售部	招待费	2666
12			销售部 汇总		6208
13			总计		22612

图 7-4　分类汇总结果

也可以选择其他汇总方式，如计数、平均值、最大值、最小值等。

※ Python实现

通过调用DataFrame数据对象的groupby()方法进行分类汇总，其语法格式如下：

```
pandas.DataFrame.groupby( key )              # key 为分组项
```

其中，key参数为分组项，参数值可以是某一列名或是列名组成的列表。

首先，读入Account.xlsx文件中的所有数据。

```
import pandas as pd
df = pd.read_excel("D:/DataAnalysis/Chapter07Data/Account.xlsx")
```

按照"报销部门"进行分组，设定key参数值为"报销部门"。代码参考如下：

```
df_g = df.groupby(" 报销部门 ")
print(df_g)
```

执行后终端显示结果如下：

```
<pandas.core.groupby.generic.DataFrameGroupBy object at 0x0000025263438508>
```

显示结果并没有显示分组后的数据，而是显示当前数据为DataFrameGroupBy对象，无法直接显示其内容。需要继续调用DataFrameGroupBy对象的groups属性和get_group方法查看分组情况和分组数据值。

选择groups属性查看"报销部门"的分组情况。代码参考如下：

```
print(df_g.groups)
```

分组结果为字典类型数据存放数据分组情况，其中名称作为键，分组作为值。根据"报销部门"分组后得到3个部门名称作为键，终端显示结果如下：

```
{'科技部': Int64Index([2, 5], dtype='int64'),
 '财务部': Int64Index([0, 1, 3], dtype='int64'),
 '销售部': Int64Index([4, 6, 7], dtype='int64')}
```

使用get_group方法查看某一组的分组数据值。查看"科技部"的分组数据值。代码参考如下：

```
print(df_g.get_group("科技部"))
```

所有"科技部"的分组数据终端显示结果如下，其中第一列为索引编号：

```
      日期        报销人    费用项目    金额（元）
2 2016-08-03   童三峰    交通费     3152
5 2016-08-06   罗秦     通讯费     3335
```

确认分组数据无误后，对分类后数据进行汇总，通过调用DataFrameGroupBy对象的sum方法对分组中的数据进行求和。调用df_g的sum方法实现汇总每个部门的报销金额总和。代码参考如下：

```
print(df_g.sum())
```

执行后终端显示结果如下：

```
            金额（元）
报销部门
科技部        6487
财务部        9917
销售部        6208
```

进行求和计算时，如果求和列数据类型不是数值类型。例如，本案例中的"日期""报销人""费用项目"这3列均不是数值类型，则不会参与求和运算，即汇总方式如果是算术运算，则非数值类型不会参与运算。

默认情况下是对数据中所有列进行汇总计算，也可以指定对某一列或某几列进行汇总计算，这时需要指定进行计算的列名或列名组成的列表。本案例指定对"金额（元）"列进行汇总求和。代码参考如下：

```
print(df_g["金额（元）"].sum())
```

其结果与直接汇总求和相同，结果为每个部门的报销金额总和。因为除"金额（元）"列外，其他列均为非数值类型，不参与求和计算。

汇总方式除了求和外还有其他常用汇总方式，见表7-1。

表 7-1　Python 中常用汇总统计方式

汇总方式	说　明
count	统计个数
max	求每组最大值
min	求每组最小值
mean	求每组平均值
std	求每组标准差

除单列分组外，还可以多列分组。只需设定groupby方法的key参数值为多列名称组成的列表即可。按照"报销部门"和"费用项目"两列进行分组，代码参考如下：

```
df_g2 = df.groupby(["报销部门","费用项目"])
```

通过df_g2的groups属性查看报销部门的分组情况，代码参考如下：

```
print(df_g2.groups)
```

执行后终端显示结果如下，可以看出在"科技部"分组下包含"交通费""通讯费"2个项目，其他分组亦是如此：

```
{('科技部', '交通费'): Int64Index([2], dtype='int64'),
 ('科技部', '通讯费'): Int64Index([5], dtype='int64'),
 ('财务部', '交通费'): Int64Index([0], dtype='int64'),
 ('财务部', '招待费'): Int64Index([1, 3], dtype='int64'),
 ('销售部', '交通费'): Int64Index([4, 6], dtype='int64'),
 ('销售部', '招待费'): Int64Index([7], dtype='int64')}
```

通过调用df_g2的sum方法实现按照分组情况汇总报销金额总和。代码参考如下：

```
print(df_g2.sum())
```

执行后终端显示结果如下，结果显示为不同的报销部门下不同费用项目汇总之和：

报销部门	费用项目	金额（元）
科技部	交通费	3152
	通讯费	3335
财务部	交通费	5001
	招待费	4916
销售部	交通费	3542
	招待费	2666

7.1.2　使用分类统计实现分组

7.1.1节中的分类汇总必须对所有分组使用相同的汇总方式，即所有列的汇总计算均相同，但如果要对不同列使用不同的汇总方式则必须通过聚合函数来实现。

【**案例7-2**】财务报销数据分类统计。

本案例继续使用【案例7-1】中财务报销数据,对数据进行分组汇总。

※ **Excel实现**

通过多次分类汇总可以达到不同列汇总方式不同的效果。在【案例7-1】中按照"报销部门"汇总每个部门的报销金额之和后,继续统计报销人数。

选中上次分类汇总的数据,再次选择【数据】面板中【分级显示】栏的【分类汇总】菜单打开【分类汇总】窗口。本案例中分类字段选择"报销部门",汇总方式选择"计数",选定汇总项选择"报销人"。特别地,不能勾选"替换当前分类汇总"选项,如图7-5所示。

图 7-5 汇总报销人数

最终汇总结果如图7-6所示。

	A	B	C	D	E
1	日期	报销人	报销部门	费用项目	金额 (元)
2	2016/8/1	张思	财务部	交通费	5001
3	2016/8/2	刘丰	财务部	招待费	3333
4	2016/8/4	凌风	财务部	招待费	1583
5		3	**财务部 计数**		
6			**财务部 汇总**		9917
7	2016/8/3	童三峰	科技部	交通费	3152
8	2016/8/6	罗秦	科技部	通讯费	3335
9		2	**科技部 计数**		
10			**科技部 汇总**		6487
11	2016/8/5	刘琴	销售部	交通费	2266
12	2016/8/7	凌风	销售部	交通费	1276
13	2016/8/8	林苹苹	销售部	招待费	2666
14		3	**销售部 计数**		
15			**销售部 汇总**		6208
16		8	**总计数**		
17			**总计**		22612

图 7-6 案例数据汇总结果

※ Python实现

通过调用DataFrame数据对象的agg方法可以实现对不同列使用不同汇总方式，其语法格式如下：

```
pandas.DataFrame.agg( func )                # agg 为聚合函数
```

按照"报销部门"进行分组，并对分组后数据先汇总统计个数，再汇总求和。设定func参数值为["count","sum"]，即先汇总统计个数再汇总求和。代码参考如下：

```
# 按照"报销部门"进行分组
df_g = df.groupby("报销部门")
# 进行计数和求和统计
print(df_g.agg(["count","sum"]))
```

执行后终端显示结果如下：

报销部门	报销人 count	报销人 sum	费用项目 count	费用项目 sum	金额（元）count	金额（元）sum
科技部	2	童三峰罗秦	2	交通费通讯费	2	6487
财务部	3	张思刘丰凌风	3	交通费招待费招待费	3	9917
销售部	3	刘琴凌风林苹苹	3	交通费交通费招待费	3	6208

从结果可以看出统计信息出现了问题，其中"报销人"和"费用项目"这两列的求和计算结果变成了"报销人"姓名连接和"费用项目"连接，而这两列只需汇总个数，无须进行求和计算。"金额（元）"这一列也多出了统计个数的计算。针对这种情况，则需要对不同列选择不同汇总方式。

对"报销人"列统计个数，对"金额（元）"列汇总求和，即两列选择不同汇总方式。通过在设定agg方法的func参数时使用字典类型，字典中键为列名，值为汇总方式，将列名与汇总方式一一对应。

对"报销人"列选择count汇总方式，对"金额（元）"列选择sum汇总方式。代码参考如下：

```
print(df_g.agg({"报销人":"count", "金额（元）":"sum"})
```

执行后终端显示结果如下：

报销部门	报销人	金额（元）
科技部	2	6487
财务部	3	9917
销售部	3	6208

7.2 数据透视表

数据透视表是数据分析的常见工具之一，根据一个或多个类别对数据进行分组聚合，根据行列分组将数据划分到各个区域。数据透视表是对数据按照不同组合方式进行数据计算的汇总工具。

【案例7-3】使用数据透视表分析财务报销数据。

本案例继续使用【案例7-1】中财务报销数据，通过数据透视表对财务报销数据进行分析。

※ **Excel实现**

选择【插入】面板中【图表】栏的【数据透视表】菜单打开【创建数据透视图】窗口，选择数据区域，如图7-7所示。

图 7-7　数据透视图窗口

单击【确定】按钮，打开【数据透视图字段】窗口，窗口中列出了数据中所有字段，以及数据透视表选项，将字段拖入相应文本框中即可完成数据透视表，如图7-8所示。

图 7-8　设置数据透视图选项

本案例统计"报销部门"中相同"费用项目"的报销人数及报销金额总和。在数据透视图字段窗口中，将"报销部门"作为"轴（类别）"；将"费用项目"作为"图例（系列）"；将"报销人"作为"值"，且计算类型选择计数；将"金额（元）"作为值，且计算类型为求和。统计完成后会显示数据透视表和数据透视图两个结果，数据透视表如图7-9所示。

	列标签							
	财务部		科技部		销售部		计数项:报销人汇总	求和项:金额（元）汇总
行标签	计数项:报销人	求和项:金额（元）	计数项:报销人	求和项:金额	计数项:报销人	求和项:金额		
交通费	1	5001	1	3152	2	3542	4	11695
通讯费			1	3335			1	3335
招待费	2	4916			1	2666	3	7582
总计	**3**	**9917**	**2**	**6487**	**3**	**6208**	**8**	**22612**

图 7-9　数据透视表

※ Python实现

通过调用DataFrame数据对象的pivot_table方法实现数据透视表，其语法格式如下：

```
pandas.DataFrame.pivot_table( values=None, index=None, columns=None, aggfunc='mean', fill_value=None, margins=False, dropna=True, margins_name='All' )
```

pivot_table方法的参数说明见表7-2。

表 7-2　pivot_table 方法参数表

参　数	说　明
values	进行汇总计算的列名，默认为全部数据
index	用于行分组的列名
columns	用于列分组的列名
aggfunc	汇总方式，默认为 mean，即求平均值
fill_value	对表中缺失值的替换值
margins	是否显示合计列，默认为 False
margins_name	合计列显示的列名，默认为 ALL
dropna	是否删除全部为 NaN 的列，默认为 False

本案例中根据“报销部门”统计相同“费用项目”的报销人数，并生成数据透视表。调用pivot_table方法时需要设定values参数为“报销人”，index参数为“报销部门”，columns参数为“费用项目”，aggfunc参数为count。代码参考如下：

```
# 统计相同部门中相同费用项目的报销人数
df_pivot = df.pivot_table(values = "报销人", index = "报销部门",
                          columns = "费用项目", aggfunc = "count")
print(df_pivot)
```

执行后终端显示结果如下：

```
费用项目  交通费    招待费   通讯费
报销部门
科技部     1.0      NaN      1.0
财务部     1.0      2.0      NaN
销售部     2.0      1.0      NaN
```

从结果可以看出科技部没有员工报销招待费，而财务部和销售部没有员工报销通讯费。目前结果中缺少全部合计信息，如果要显示合计信息，则需要设定margins参数为True。代码参考如下：

```
df_pivot = df.pivot_table(values = " 报销人 ", index = " 报销部门 ",
                          columns = " 费用项目 ", aggfunc = "count",
                          margins = True)
print(df_pivot)
```

执行后终端显示结果如下：

费用项目	交通费	招待费	通讯费	
报销部门				
科技部	1.0	NaN	1.0	
财务部	1.0	2.0	NaN	
销售部	2.0	1.0	NaN	
All	4.0	3.0	1.0	8

如果要修改合计信息的显示名称，则需要设定margins_name参数，将其参数值设定为要显示的文字。代码参考如下：

```
# 合计信息显示名称为 "合计"
df_pivot = df.pivot_table(values = " 报销人 ", index = " 报销部门 ",
                          columns = " 费用项目 ", aggfunc = "count",
                          margins = True, margins_name = " 合计 ")
print(df_pivot)
```

执行后终端显示结果如下：

费用项目	交通费	招待费	通讯费	
报销部门				
科技部	1.0	NaN	1.0	
财务部	1.0	2.0	NaN	
销售部	2.0	1.0	NaN	
合计	4.0	3.0	1.0	8

继续对数据透视表增加统计报销金额总和项，需要设定values参数为["报销人", "金额（元）"]，同时指定各列汇总方式，修改aggfunc参数为{"报销人":"count", "金额（元）":"sum"}。代码参考如下：

```
df_pivot = df.pivot_table(values = [" 报销人 ", " 金额（元）"], index = " 报销部门 ",
                          columns = " 费用项目 ",
                          aggfunc = {" 报销人 ":"count", " 金额（元）":"sum"},
                          margins = True, margins_name = " 合计 ")
print(df_pivot)
```

执行后终端显示结果如下，结果为对报销人数进行计数汇总，对报销金额进行求和汇总：

	报销人				金额（元）			
费用项目	交通费	招待费	通讯费	合计	交通费	招待费	通讯费	合计
报销部门								

科技部	1.0	NaN	1.0	2	3152.0	NaN	3335.0	6487
财务部	1.0	2.0	NaN	3	5001.0	4916.0	NaN	9917
销售部	2.0	1.0	NaN	3	3542.0	2666.0	NaN	6208
合计	4.0	3.0	1.0	8	11695.0	7582.0	3335.0	22612

7.3 数据分组统计实践

至此，已经介绍了如何进行数据分组，以及如何创建数据透视表。下面通过一个综合案例进一步巩固数据分组的相关知识。

【案例7-4】上海市二类疫苗采购数据分组汇总。

本案例中使用的数据源文件下载自天池官方数据，其数据为2018年度上海市第二类疫苗集团采购项目中标目录，文件名称为Vaccine.csv，其中包括疫苗名称、来源、制造公司、价格等，数据之间采用逗号作为分隔符。案例数据可以从本书提供的代码托管地址页面下载。

部分数据如图7-10所示。

疫苗名称	来源	生产厂家	价格
重组乙型肝炎疫苗	国产	华北制药金坦生物技术股份有限公司	93.5
重组乙型肝炎疫苗	国产	大连汉信生物制药有限公司	89.5
重组乙型肝炎疫苗	国产	上海葛兰素史克生物制品有限公司	83.5
重组乙型肝炎疫苗	国产	北京北生研生物制品有限公司	41.5
重组乙型肝炎疫苗	国产	上海葛兰素史克生物制品有限公司	93.5
重组乙型肝炎疫苗	国产	深圳康泰生物制品股份有限公司	225.5
乙型脑炎灭活疫苗	国产	辽宁成大生物股份有限公司	76.5

图 7-10 案例数据内容部分显示

案例中将对疫苗采购数据进行分组汇总，并创建数据透视表。

※ Excel实现

在Excel中通过导入CSV文件打开数据源。部分数据如图7-11所示。

	A	B	C	D
1	疫苗名称	来源	生产厂家	价格
2	重组乙型肝炎疫苗	国产	华北制药金坦生物技术股份有限公司	93.5
3	重组乙型肝炎疫苗	国产	大连汉信生物制药有限公司	89.5
4	重组乙型肝炎疫苗	国产	上海葛兰素史克生物制品有限公司	83.5
5	重组乙型肝炎疫苗	国产	北京北生研生物制品有限公司	41.5
6	重组乙型肝炎疫苗	国产	上海葛兰素史克生物制品有限公司	93.5
7	重组乙型肝炎疫苗	国产	深圳康泰生物制品股份有限公司	225.5
8	乙型脑炎灭活疫苗	国产	辽宁成大生物股份有限公司	76.5

图 7-11 Excel 显示数据样例

按照"疫苗名称"进行分组，统计每组疫苗的生产厂家数量，以及价格的平均值。部分分类汇总结果如图7-12所示。

图 7-12　分类汇总结果

按照"疫苗名称"进行分组，统计每组疫苗中国产和进口的数量，以及国产和进口的最高价格，创建数据透视表。仅以"13 价肺炎球菌多糖结合疫苗"和"23 价肺炎球菌多糖疫苗"为例。"13 价肺炎球菌多糖结合疫苗"和"23 价肺炎球菌多糖疫苗"的原始数据如图 7-13 所示。

图 7-13　疫苗原始数据信息

创建数据透视表如图 7-14 所示。

图 7-14　数据透视结果

图 7-14 所示的数据透视表中"13 价肺炎球菌多糖结合疫苗"无国产疫苗，仅有 1 个进口疫苗。"23 价肺炎球菌多糖疫苗"有 2 个国产疫苗和 1 个进口疫苗，国产疫苗最高价格为 205.5，进口疫苗最高价格为 208.5。

可以看出数据透视表中展示的统计结果非常清晰，作为数据分析结果一目了然。

※ Python实现

在Spyder中新创建一个Python文件，并命名为Chapter7-example.py，然后按如下步骤完成代码编写。

首先，读入Vaccine.csv文件中的所有数据。

```
import pandas as pd
df = pd.read_csv("D:/DataAnalysis/Chapter07Data/Vaccine.csv")
```

按照"疫苗名称"进行分组，统计每组疫苗生产厂家数量及价格平均值。代码参考如下：

```
# 按照"疫苗名称"进行分组，并统计生产厂家数量和价格平均值
df_g = df.groupby(" 疫苗名称 ")
print(df_g.agg({" 生产厂家 ":"count", " 价格 ":"mean"}))
```

执行后终端显示部分结果如下：

疫苗名称	生产厂家	价格
13 价肺炎球菌多糖结合疫苗	1	703.500000
23 价肺炎球菌多糖疫苗	3	200.066667
ACYW135 群脑膜炎球菌多糖疫苗	2	65.000000
AC 群脑膜炎球菌（结合）b 型流感嗜血杆菌（结合）联合疫苗	1	221.500000
A 群 C 群脑膜炎球菌多糖结合疫苗	3	97.166667
b 型流感嗜血杆菌结合疫苗	4	91.450000

创建数据透视表，按照"疫苗名称"进行分组，统计每组疫苗中国产疫苗和进口疫苗的数量，以及国产疫苗和进口疫苗的最高价格。代码参考如下：

```
df_pivot = df.pivot_table(values = ["生产厂家", "价格"], index = "疫苗名称",
                          columns = "来源",
                          aggfunc = {"生产厂家":"count", "价格":"max"})
print(df_pivot)
```

执行后终端显示结果如下，结果仅显示"13 价肺炎球菌多糖结合疫苗"和"23 价肺炎球菌多糖疫苗"的统计数据：

	价格		生产厂家	
来源	国产	进口	国产	进口
疫苗名称				
13 价肺炎球菌多糖结合疫苗	NaN	703.5	NaN	1.0
23 价肺炎球菌多糖疫苗	205.5	208.5	2.0	1.0

7.4 本章小结

本章对数据分组进行了介绍，包括数据分组方式、数据透视表等数据分组方法。在数据计算中 Excel 和 Python 都具备强大的数据分组和数据汇总能力，Excel 由于具有较强的数据可视化优势，在展示分析结果方面方便快捷，而 Python 则在数据处理的灵活度方面强于 Excel。

第8章 画正字！竖旗杆！得记住时间
——时序数据

在荒岛上由于没有计时设备所以无法知道时间，人如果不知道时间，则会陷入一种混沌的状态，而且也无法记录在岛上种植的植物生长情况。因此必须要使用简单的计时方式来记录时间，可以使用画正字和旗杆来观察和记录每天的时间。

在数据分析中，分析对象不仅限于数值型和文本型数据，常用的数据类型还包括日期时间型，因此处理时间序列数据也是数据分析中非常重要的应用。本章思维导图如下：

8.1 获取当前时间

获取当前日期和时间包括获取当前日期、当前时间、当前星期等与时间有关的数据，其中还包括获取当前年、月、日、周数等数据。

【案例8-1】获取当前日期时间数据。

可以获取的日期时间数据包括当前日期、当前时间、当前年、当前月、当前日、当前星期、当前周数等。

※ Excel实现

在Excel中获取当前日期的相关数据使用相应函数来实现，见表8-1。

表 8-1 Excel 提供的时间函数

功　能	函　数
当前日期	=TODAY()
当前时间	=NOW()
当前年	=YEAR(NOW())
当前月	=MONTH(NOW())
当前日	=DAY(NOW())
当前星期	=WEEKDAY(NOW(),2)

其中WEEKDAY函数比较特别，该函数用于获得当前星期，在使用WEEKDAY函数时需要设定第二个参数值为2，否则默认情况下星期日会作为一周的第一天，将第二个参数设定为2，则星期一会作为一周的第一天。

※ Python实现

在Python中获取当前日期的相关数据需要使用datetime库。在开头位置添加如下代码：

```
from datetime import datetime
```

通过调用now方法获取当前日期和时间。代码参考如下：

```
from datetime import datetime
print("当前日期时间: " + str(datetime.now()))
```

执行后终端显示结果如下：

```
当前日期时间: 2020-09-30 11:01:04.485584
```

通过调用date方法和time方法分别获取当前日期和当前时间。代码参考如下：

```
print("当前日期: " + str(datetime.now().date()))
print("当前时间: " + str(datetime.now().time()))
```

执行后终端显示结果如下：

```
当前日期: 2020-09-30
```

当前时间：15:49:22.792774

通过now方法的year、month、day属性值可以获得当前年、月、日的数据。代码参考如下：

```
print("当前年: " + str(datetime.now().year))
print("当前月: " + str(datetime.now().month))
print("当前日: " + str(datetime.now().day))
```

执行后终端显示结果如下：

```
当前年: 2020
当前月: 9
当前日: 30
```

通过调用weekday方法获取当前星期，返回结果为0~6的整数，星期一从0开始计数，因此为了符合日常习惯需要在最终结果上加1。代码参考如下：

```
print("当前星期: " + str(datetime.now().weekday() + 1))
```

执行后终端显示结果如下：

```
当前星期: 3
```

还可以通过调用strftime方法实现格式化输出日期和时间。使用格式控制符控制输出格式，见表8-2。

表8-2　Python实现输出时间的格式控制参数

格式控制符	说　明
%y	两位数的年份表示（00～99）
%Y	四位数的年份表示（0000～9999）
%m	月份（01～12）
%d	月内中的一天（0～31）
%H	24小时制小时数（0～23）
%I	12小时制小时数（01～12）
%M	分钟数（00～59）
%S	秒（00～59）
%A	星期的英文单词的全拼
%a	星期的英文单词的缩写

通过调用strftime方法格式化输出当前日期时间的相关数据，年、月、日之间以"/"分隔，星期以英文单词显示。代码参考如下：

```
print("当前日期: " + datetime.now().date().strftime("%Y/%m/%d"))
print("当前时间: " + datetime.now().time().strftime("%I:%M:%S"))
print("当前星期几: " + datetime.now().strftime("%A"))
```

执行后终端显示结果如下：

```
当前日期：2020/09/30
当前时间：11:44:35
当前星期几：Wednesday
```

8.2　字符串与时间转换

在进行数据分析前，必须保证时间格式的数据为日期时间类型，如果是字符串类型则需要将字符串类型转换为日期时间类型。

【案例8-2】日期时间类型与字符串类型转换。

※ Excel实现

Excel中字符串与日期时间进行转换只需设定对应单元格格式即可。选择【开始】面板中【数字】栏的右下角图标，打开【设置单元格格式】对话框，指定单元格格式为"日期"或"时间"，如图8-1所示。

图 8-1　设定日期时间格式

※ Python实现

通过调用str方法将日期时间类型转换为字符串类型。也可以使用strftime方法转换并格式化日期时间类型。

格式化输出当前日期，日期分隔符为"/"。代码参考如下：

```python
from datetime import datetime
print("当前日期和时间：" + str(datetime.now()))
print("当前日期：" + datetime.now().date().strftime("%Y/%m/%d"))
```

执行后终端显示结果如下：

```
当前日期和时间：2020-09-30 12:01:02.119612
当前日期：2020/09/30
```

通过调用dateutil库的parse方法将字符串类型转换为日期时间类型。也可以通过调用strptime方法将特定格式的字符串转换为日期时间类型。strptime方法在转换时需要指定日期时间的格式。代码参考如下：

```
from dateutil.parser import parse
from datetime import datetime
print(parse("2020-9-19"))
print(datetime.strptime("2020-9-19", "%Y-%m-%d"))
```

执行后终端显示结果如下：

```
2020-09-19 00:00:00
2020-09-19 00:00:00
```

相比strptime方法，parse方法更简单，无须给出日期时间的格式字符串，就可以解析几乎所有人类能够理解的日期表示形式。

8.3　时间运算

除了获取和显示日期时间外，在日常数据分析中还需要对日期时间数据进行一些算术运算，包括加、减运算等。通过简单地加减运算可以获得两个时间的时间差，或获得一定间隔后的时间。

【案例8-3】时间偏移计算。

本案例使用某网站用户登录日志作为数据源，文件名称为Log.xlsx，包含用户登录时间和用户名两列数据。案例数据下载地址为https://gitee.com/caoln2003/python_excel_dataAnalysis_book/Examples/Chapter08/Log.xlsx。

※ Excel实现

用户登录日志数据如图8-2所示。

	A	B
1	登录时间	用户名
2	2019-9-12 07:49:12	Jack
3	2019-9-12 08:47:07	Emma
4	2019-9-13 15:40:26	Fly
5	2019-9-13 19:41:01	Jack
6	2019-9-13 21:49:15	Emma
7	2019-9-14 08:03:13	Fly

图8-2　Excel 显示用户登录日志数据样例

Excel中计算两个时间的差值会得到一个带小数的数字，即两者所差天数。如果要获得天数差值则直接对结果取整即可，如果要获得小时、分钟或者秒数的差值，则需要进行计算，天数差值乘以24得到小时数，乘以1440得到分钟数，乘以86400得到秒数。

分别计算用户Jack两次登录的间隔天数和小时数，公式如下：

- 间隔天数公式：=A5-A2
- 间隔小时数公式：=(A5-A2)*24

计算结果得到：间隔天数为1，间隔小时数为35。

还可以利用时间偏移获得往前或往后一段时间后的新时间，即加减时间偏移量。Excel中时间偏移计算的单位是天，因此如果偏移量为小时、分钟或者秒则需要转换为对应的天数才能进行偏移量计算。

判断用户Fly在2019年9月13日登录后24小时内是否再次登录，即2019年9月13日往后偏移1天得到偏移时间，与其在2019年9月14日登录时间比较，如果偏移时间比9月14日的时间大，则说明24小时内再次登录，否则没有再次登录。需要使用IF函数进行判断并给出结果。公式如下：

$$fx = IF((A4+1)>A7,"是":"否")$$

判断结果如下显示：24小时内再次登录 是。

※ Python实现

Python中计算两个时间的差值会得到一个时间戳timedelta类型数据，其中包含天数、秒数和微秒数，分别对应days、seconds、microseconds属性。通过获得相应属性值即可获得对应单位的时间差值。如果要获得小时和分钟的差值，则需要进行换算，秒数除以60得到分钟数，除以3600得到小时数。

分别计算用户Jack两次登录的间隔天数和间隔小时数。代码参考如下：

```python
import pandas as pd
from datetime import datetime
from datetime import timedelta
df = pd.read_excel("D:/DataAnalysis/Chapter08Data/Log.xlsx")
delta = df.iloc[3,0] - df.iloc[0,0]
print("间隔天数: " + str(delta.days))
print("间隔小时数: " + str(delta.seconds / 3600))
```

执行后终端显示结果如下：

```
间隔天数: 1
间隔小时数: 11.863333333333333
```

偏移时间计算使用原时间与时间戳timedelta进行加减运算，运算时，时间戳只接受天数、秒数和微秒数，如果是其他时间单位则需要进行转换。

判断用户Fly在2019年9月13日登录后24小时内是否再次登录，通过往后偏移一天得到偏移时间，再计算偏移时间与第二次登录时间的差值，如果差值大于0，则说明24小时内再次登录，否则没有登录。代码参考如下：

```python
# 计算偏移时间，偏移时间为原时间后 1 天
newdate = df.iloc[2,0] + timedelta(days = 1)
# 判断偏移时间与第二次登录时间差值是否大于 0
if (newdate - df.iloc[5,0]).microseconds > 0:
    print("24 小时内再次登录 ")
```

```
else:
    print("24 小时内没有再次登录 ")
```

执行后终端显示结果如下：

24 小时内再次登录

8.4　时序案例综合实践

至此，已经介绍了时间序列的相关运算，其中包括转换、求时间差值、时间偏移等。下面将通过一个综合案例进一步巩固时间序列的相关知识。

【案例8-4】股票数据时间序列分析。

本案例使用中国银行2019年12月26日至2020年1月7日的股票收盘价作为数据源，文件名称为Stock.xlsx，其中包含"交易日期"和"收盘价"两列数据。案例数据可以从本书提供的代码托管地址页面下载。

※ Excel实现

打开Stock.xlsx文件，数据如图8-3所示。

	A	B
1	交易日期	收盘价
2	2019/12/26	3.68
3	2019/12/27	3.69
4	2019/12/30	3.71
5	2019/12/31	3.69
6	2020/01/02	3.72
7	2020/01/03	3.71
8	2020/01/06	3.69
9	2020/01/07	3.72

图 8-3　中国银行交易数据样例

计算2019年12月26日至2020年1月7日期间交易日所占比例（法定节假日不交易），公式如下：

$$fx = COUNTA(A2:A9)/(A9-A2)$$

计算结果显示交易日所占比例为0.666 67，也就是交易日占比达到67%左右。

※ Python实现

打开Spyder新建一个Python文件，命名为Chapter8-example.py，然后按如下步骤完成任务。

首先，读入Stock.xlsx文件中所有数据，将"交易日期"列类型修改为datetime64[ns]类型，并将"交易日期"列设定为索引列。代码参考如下：

```
import pandas as pd
from datetime import datetime
from datetime import timedelta
df = pd.read_excel("D:/DataAnalysis/Chapter08Data/Stock.xlsx")
df[" 交易日期 "] = df[" 交易日期 "].astype("datetime64[ns]")
df.set_index(" 交易日期 ", inplace = True)
```

当时间序列作为索引列时，可以通过指定年、月获得指定年或指定月份的数据。

例如，获取 2019 年的股票数据，代码参考如下：

```
print(df["2019"])
```

执行后终端显示结果如下：

```
              收盘价
交易日期
2019-12-26    3.68
2019-12-27    3.69
2019-12-30    3.71
2019-12-31    3.69
```

获取 2020 年 1 月的股票数据，代码参考如下：

```
print(df["2020/01"])
```

执行后终端显示结果如下：

```
              收盘价
交易日期
2020-01-02    3.72
2020-01-03    3.71
2020-01-06    3.69
2020-01-07    3.72
```

获取 2020 年 1 月 2 日至 2020 年 1 月 6 日的股票数据，代码参考如下：

```
print(df["2020/01/02":"2020/01/06"])
```

执行后终端显示结果如下：

```
              收盘价
交易日期
2020-01-02    3.72
2020-01-03    3.71
2020-01-06    3.69
```

通过时间偏移计算获取 2019 年 12 月 27 日后第 6 天即 2020 年 1 月 2 日的股票价格，代码参考如下：

```
newdate = datetime(2019,12,27) + timedelta(days = 6)
print("2020 年 1 月 2 日收盘价格：" + str(df.loc[newdate,"收盘价"]))
```

执行后终端显示结果如下：

```
2020 年 1 月 2 日收盘价格：3.72
```

8.5 本章小结

本章对时间序列运算进行了介绍，包括获取日期时间、字符串与时间转换、时间序列运算等方法。

第9章 求生信号！让别人看见我在荒岛上
——数据可视化

终于在荒岛上安顿下来了，食物来源和补给已经能够维持日常生活，但不能就这样放弃离开荒岛，掘金者还需要向荒岛外的人发送求生信号，让他们能够看到相关信号，只有这样才能离开荒岛。

数据在进行处理和分析后要将分析结果展示出来，而数据结果的展示方式多种多样，不仅限于文字，还有图形方式，而且图形方式在很多时候比单纯使用文字更直观、更清晰。数据可视化不仅可以清晰地展示数据，同时还可以更好地传递数据之间的关系。因此数据可视化也是数据分析的重要组成部分。本章思维导图如下：

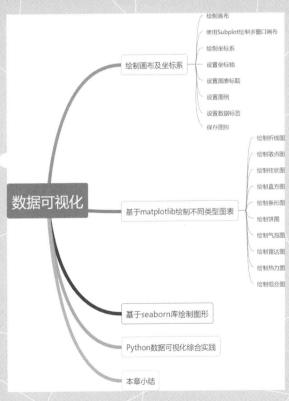

在数据可视化方面，Excel可以直接选择图形然后通过可视化菜单方式完成图表绘制。而且还提供智能推荐选项。例如，在选择数据源后，可选择【推荐的图表】菜单，Excel会根据所选数据创建若干个推荐图表供选择。

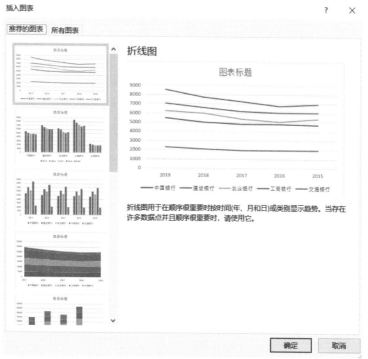

由于Excel绘制图形较为简单，本章不做这方面的介绍，而重点介绍Python编程在数据可视化方面的实现步骤和方法。

9.1　绘制画布及坐标系

9.1.1　绘制画布

在绘制图表之前需要绘制一张空白画布，画布绘制好后可根据需要选择绘制单个图形或多个图形，一般多种不同类型数据在可视化时会选择多个图形展示。

在Python中绘制图表需要使用Matplotlib库和Seaborn库。Matplotlib库是Python中应用非常广的绘图工具包之一，其绘制出来的图形效果和MATLAB下绘制的图形类似。Seaborn库是基于Matplotlib的图形可视化Python包，它提供了一种高度交互式界面，便于用户能够做出各种有吸引力的统计图表。

【案例9-1】绘制中国银行2015—2019年营业收入图表。

本案例使用2015—2019年中国银行、农业银行、建设银行、工商银行、交通银行的年营业收入作为数据源，文件名称为Revenue.xlsx。后续不少案例都将以该数据为例，读者可以下载后保存到本地，案例数据可以从本书提供的代码托管地址页面下载。

部分数据显示如图9-1所示。

	A	B	C	D	E	F
1	股票名称	2015	2016	2017	2018	2019
2	中国银行	4743	4836	4833	5041	5492
3	建设银行	6052	6051	6217	6589	7056
4	农业银行	5362	5060	5370	5986	6273
5	工商银行	6976	6759	7265	7738	8552
6	交通银行	1938	1932	1960	2127	2325

图9-1　案例数据内容显示

使用Spyder新建Python文件，并输入程序代码，按如下步骤完成任务。

首先，读入Revenue.xlsx中的数据：

```
import pandas as pd
df = pd.read_excel("D:/DataAnalysis/Chapter09Data/Revenue.xlsx")
```

执行后终端显示结果如下：

```
        2015    2016    2017    2018    2019
0  中国银行  4743    4836    4833    5041    5492
1  建设银行  6052    6051    6217    6589    7056
2  农业银行  5362    5060    5370    5986    6273
3  工商银行  6976    6759    7265    7738    8552
4  交通银行  1938    1932    1960    2127    2325
```

在开始绘图之前需要使用import matplotlib.pyplot as plt语句导入库。如果要显示中文简体，需要在开头位置添加如下代码：

```
import matplotlib.pyplot as plt
plt.rcParams["font.sans-serif"]=["SimHei"]
plt.rcParams["axes.unicode_minus"]=False
```

通过调用pyplot库的figure方法实现绘制画布，可以对画布大小、背景颜色、边框颜色等参数进行设定，其语法格式如下：

```
plt.figure( figsize=None, facecolor=None, edgecolor=None, frameon=True )
```

绘制画布相关参数及说明见表9-1。

表9-1　绘制画布相关参数及说明

参数名称	说　明
figsize	figure 的宽和高，单位为英寸，通常表示为 (宽，高) 元组
facecolor	背景颜色
edgecolor	边框颜色
frameon	是否显示边框，默认为 True

例如，绘制中国银行2015—2019年的营业收入折线图，其中X轴为年份（df中列标题），Y轴为中国银行各年份的营业收入（df中第一行数据）。这里指定画布大小为宽4英寸、高3英寸。代

码参考如下：

```
# 导入数据
import pandas as pd
df = pd.read_excel("D:/DataAnalysis/Chapter09Data/Revenue.xlsx")

# 准备绘图
import matplotlib.pyplot as plt
plt.rcParams["font.sans-serif"]=["SimHei"]
plt.rcParams["axes.unicode_minus"]=False
# 指定画布大小
plt.figure(figsize = (4,3))
#X 轴的值为第 2 列至第 5 列标题
#Y 轴的值为中国银行 2015—2019 年的营业收入
# 调用 plt 的 plot 方法绘制折线图，参数包括 x 轴数据，y 轴数据
x_data=df.columns[1:6]              # 准备 x 轴数据，为年份列表
y_data=df.iloc[0,1:6]               # 准备 y 轴数据，取第一行中国银行的营收数据
plt.plot(x_data,y_data)             # 绘制折线图
plt.show()                          # 显示绘图结果
```

执行后终端显示结果如图 9-2 所示。

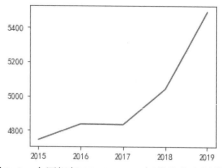

图 9-2　中国银行 2015—2019 年营业收入折线图

图表还可以添加其他参数，如图表标题、X 轴标题、Y 轴标题等，在后续内容中将逐步讲解。

9.1.2　使用 subplot 绘制多窗口画布

如果在画布上要绘制多个图表，即将多个子图放在同一个画布上进行比较，则需要使用多窗口画布。

【案例 9-2】绘制中国银行和建设银行 2015—2019 年营业收入图表。

本案例继续使用【案例 9-1】中的数据，绘制中国银行和建设银行营业收入图表。

将中国银行和建设银行的营业收入绘制在同一图表中。第一次调用 plot 方法显示中国银行的数据，颜色为红色。第二次调用 plot 方法显示建设银行的数据，颜色为绿色。代码参考如下：

```
# 导入数据
import pandas as pd
df = pd.read_excel("D:/DataAnalysis/Chapter09Data/Revenue.xlsx")


# 准备绘图
import matplotlib.pyplot as plt
plt.rcParams["font.sans-serif"]=["SimHei"]
plt.rcParams["axes.unicode_minus"]=False
plt.figure(figsize = (4,3))
plt.plot(df.columns[1:6], df.iloc[0,1:6], color = "red")
# plot 方法中 color 设定图形颜色
plt.plot(df.columns[1:6], df.iloc[1,1:6], color = "green")
plt.show()
```

执行后终端显示结果如图9-3所示。

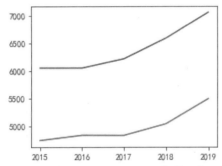

图9-3　中国银行与建设银行2015—2019年营业收入折线对比图

从图9-3中可以看出中国银行和建设银行的营业收入有一定差距，并没有叠加，也可以将两者的数据分别显示在两个图表中。

显示多个子图通过调用pyplot库的subplot方法，其语法格式如下：

```
matplotlib.pyplot.subplot( nrows, ncols, index )
```

nrows为画布的行数，ncols为画布的列数，index为当前图形是画布的第几个区域。

本案例中将画布分成1行2列，即两个图表并排显示。指定画布大小为宽8英寸、高3英寸。代码参考如下：

```
# 导入数据
import pandas as pd
df = pd.read_excel("D:/DataAnalysis/Chapter09Data/Revenue.xlsx")


# 准备绘图
import matplotlib.pyplot as plt
plt.rcParams["font.sans-serif"]=["SimHei"]
plt.rcParams["axes.unicode_minus"]=False
```

```
plt.figure(figsize = (8,3))
# 将前画布被分成1行2列, 并开始绘制第1个图表
ax1 = plt.subplot(1, 2, 1)
plt.plot(df.columns[1:6], df.iloc[0,1:6], color = "red")
# 将前画布被分成1行2列, 并开始绘制第2个图表
ax2 = plt.subplot(1, 2, 2)
plt.plot(df.columns[1:6], df.iloc[0,1:6], color = "green")
plt.show()
```

执行后终端显示结果如图9-4所示，中国银行和建设银行的数据并列显示在两个图表中。

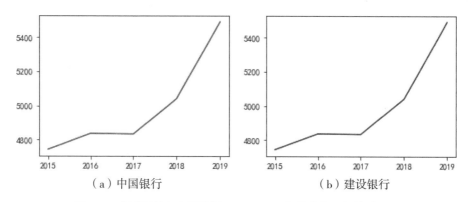

（a）中国银行　　　　　　　　　　（b）建设银行

图 9-4　中国银行和建设银行 2015—2019 年营业收入折线对比图

9.1.3　绘制坐标系

在绘制多窗口画布时，也可以调用pyplot库的subplots方法建立坐标系，并对每个坐标系中的图表进行绘制。其语法格式如下：

```
matplotlib.pyplot.subplots( nrows, ncols ,figsize)
```

nrows为画布行数，ncols为画布列数,figsize为画布大小。subplots方法将创建的画布以坐标系的形式返回。通过行列下标即可获得该坐标系的某个画布。

【案例9-3】以坐标系方式绘制中国银行和建设银行2015—2019年营业收入图表。

本案例继续使用【案例9-1】中的数据。

通过调用subplots方法绘制中国银行和建设银行的营业收入图表。代码参考如下：

```
# 导入数据
import pandas as pd
df = pd.read_excel("D:/DataAnalysis/Chapter09Data/Revenue.xlsx")

# 准备绘图
import matplotlib.pyplot as plt
plt.rcParams["font.sans-serif"]=["SimHei"]
plt.rcParams["axes.unicode_minus"]=False
```

```
# 创建 1 行 2 列的多窗口画布，并指定画布大小
fig, ax = plt.subplots(1, 2, figsize = (9,3))
# 在 [0] 坐标系中绘制中国银行的图表
ax[0].plot(df.columns[1:6], df.iloc[0,1:6], color = "red")
# 在 [1] 坐标系中绘制建设银行的图表
ax[1].plot(df.columns[1:6], df.iloc[0,1:6], color = "green")
plt.show()
```

由于创建的画布为1行2列，坐标系为一维坐标，在引用时只需给出列下标即可。如果画布行数和列数都超过1，则坐标系为二维，在引用时需给出行列下标。

执行后终端显示结果与【案例9-2】相同。

9.1.4　设置坐标轴

默认情况下X轴和Y轴不显示坐标轴标题，且坐标轴刻度保持与原有数据一致，可以通过参数设置进行修改。

【案例9-4】设置坐标轴标题。

通过调用pyplot库的xlabel和ylabel方法设置坐标轴标题。还可以通过参数设置坐标轴标题的字体颜色、字体大小、文字粗细等样式。

本案例继续使用【案例9-1】中的数据。

绘制中国银行2015—2019年营业收入图表，添加X轴标题为"年份"，Y轴标题为"营业收入（亿元）"，并将坐标轴标题文字大小设置为12。代码参考如下：

```
# 导入数据
import pandas as pd
df = pd.read_excel("D:/DataAnalysis/Chapter09Data/Revenue.xlsx")

# 准备绘图
import matplotlib.pyplot as plt
plt.rcParams["font.sans-serif"]=["SimHei"]
plt.rcParams["axes.unicode_minus"]=False
plt.figure(figsize = (4,3))
plt.plot(df.columns[1:6], df.iloc[0,1:6])
plt.xlabel(" 年份 ", fontsize = "12")
plt.ylabel(" 营业收入（亿元）", fontsize = "12")
plt.show()
```

执行后终端显示结果如图9-5所示。

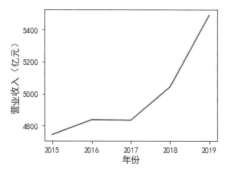

图9-5　中国银行2015—2019年营业收入折线图（含坐标轴标题）

【案例9-5】多窗口画布设置坐标轴标题。

由于多窗口画布中包含多个图表，可以通过调用pyplot库的set_xlabel和set_ylabel方法实现坐标轴标题设置。

本案例继续使用【案例9-1】中的数据。

绘制中国银行和建设银行的营业收入图表，添加X轴标题为"年份"，Y轴标题为"营业收入(亿元)"。由于本案例中横向排列2个图表，因此设定画布宽度为9英寸，高度为3英寸。代码参考如下：

```
# 导入数据
import pandas as pd
df = pd.read_excel("D:/DataAnalysis/Chapter09Data/Revenue.xlsx")


# 准备绘图
import matplotlib.pyplot as plt
plt.rcParams["font.sans-serif"]=["SimHei"]
plt.rcParams["axes.unicode_minus"]=False


# 创建1行2列的多窗口画布，并指定画布大小
fig, ax = plt.subplots(1, 2, figsize = (9,3))
# 在 [0] 坐标系中绘制中国银行的图表，并添加坐标轴标题
ax[0].plot(df.columns[1:6], df.iloc[0,1:6], color = "red")
ax[0].set_xlabel(" 年份 ")
ax[0].set_ylabel(" 营业收入（亿元）")
# 在 [1] 坐标系中绘制建设银行的图表，并添加坐标轴标题
ax[1].plot(df.columns[1:6], df.iloc[0,1:6], color = "green")
ax[1].set_xlabel(" 年份 ")
ax[1].set_ylabel(" 营业收入（亿元）")
plt.show()
```

执行后终端显示结果如图9-6所示。

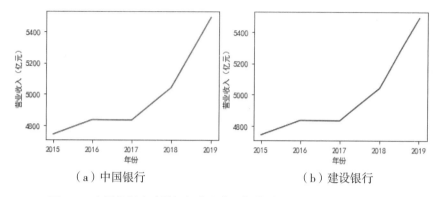

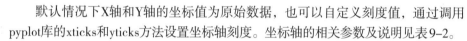

（a）中国银行　　　　　　　　　　（b）建设银行

图 9-6　中国银行和建设银行营业收入折线对比图（含坐标轴标题）

【案例9-6】设置坐标轴刻度。

默认情况下X轴和Y轴的坐标值为原始数据，也可以自定义刻度值，通过调用pyplot库的xticks和yticks方法设置坐标轴刻度。坐标轴的相关参数及说明见表9-2。

表 9-2　设置坐标轴相关参数及说明

参数名称	说　明
ticks	X 轴或 Y 轴的原始数值
labels	X 轴或 Y 轴的显示文本

本案例继续使用【案例9-1】中的数据。

绘制中国银行2015—2019年营业收入图表，修改X轴刻度值。代码参考如下：

```
# 导入数据
import pandas as pd
df = pd.read_excel("D:/DataAnalysis/Chapter09Data/Revenue.xlsx")


# 准备绘图
import matplotlib.pyplot as plt
plt.rcParams["font.sans-serif"]=["SimHei"]
plt.rcParams["axes.unicode_minus"]=False


plt.figure(figsize = (4,3))
plt.plot(df.columns[1:6], df.iloc[0,1:6])
#X 轴刻度值文本
xtitle = ["2015年", "2016年", "2017年", "2018年", "2019年"]
# 设置 X 轴刻度值为 xtitle 中文字
plt.xticks(df.columns[1:6], xtitle)
plt.xlabel("年份", fontsize = "12")
plt.ylabel("营业收入（亿元）", fontsize = "12")
plt.show()
```

执行后终端显示结果如图9-7所示。

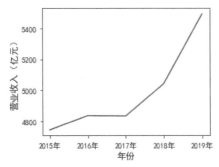

图 9-7　中国银行收入折线图（X 轴加刻度）

9.1.5　设置图表标题

默认情况下图表不显示标题，可以设置图表标题文字。

【案例9-7】设置图表标题。

通过调用pyplot库的title方法设置图表标题。其语法格式如下：

```
matplotlib.pyplot.title( label, loc )
```

其中，label为图表标题文字；loc为图表标题显示位置，默认为居中显示，还可更改为left（靠左显示）和right（靠右显示）。

本案例继续使用【案例9-1】中的数据。

绘制中国银行2015—2019年营业收入图表，添加图表标题文字为"中国银行营业收入变化"，字体大小为14。代码参考如下：

```
# 导入数据
import pandas as pd
df = pd.read_excel("D:/DataAnalysis/Chapter09Data/Revenue.xlsx")


# 准备绘图
import matplotlib.pyplot as plt
plt.rcParams["font.sans-serif"]=["SimHei"]
plt.rcParams["axes.unicode_minus"]=False


plt.figure(figsize = (4,3))
plt.plot(df.columns[1:6], df.iloc[0,1:6])
xtitle = ["2015年", "2016年", "2017年", "2018年", "2019年"]
plt.xticks(df.columns[1:6], xtitle)
plt.xlabel("年份", fontsize = "12")
plt.ylabel("营业收入（亿元）", fontsize = "12")
plt.title(label = "中国银行营业收入变化", fontsize = "14")
plt.show()
```

执行后终端显示结果如图9-8所示。

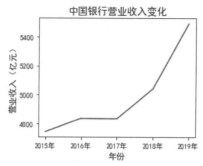

图9-8 中国银行收入变化折线图（加标题）

【案例9-8】多窗口画布设置图表标题。

由于多窗口画布中包含多个图表，因此需要对每个图表的标题进行单独设置，通过调用pyplot库的set_title方法设置图表标题。

本案例继续使用【案例9-1】中的数据。

绘制中国银行和建设银行2015—2019年营业收入图表，分别添加图表标题为"中国银行"和"建设银行"。代码参考如下：

```python
# 导入数据
import pandas as pd
df = pd.read_excel("D:/DataAnalysis/Chapter09Data/Revenue.xlsx")

# 准备绘图
import matplotlib.pyplot as plt
plt.rcParams["font.sans-serif"]=["SimHei"]
plt.rcParams["axes.unicode_minus"]=False

# 创建1行2列的多窗口画布，并指定画布大小
fig, ax = plt.subplots(1, 2, figsize = (9,3))
xtitle = ["2015年", "2016年", "2017年", "2018年", "2019年"]
# 在 [0] 坐标系中绘制中国银行的营业收入图表
ax[0].plot(df.columns[1:6], df.iloc[0,1:6], color = "red")
ax[0].set_xticklabels(xtitle)
ax[0].set_xlabel("年份")
ax[0].set_ylabel("营业收入（亿元）")
ax[0].set_title("中国银行")
# 在 [1] 坐标系中绘制建设银行的营业收入图表
ax[1].plot(df.columns[1:6], df.iloc[0,1:6], color = "green")
ax[1].set_xticklabels(xtitle)
ax[1].set_xlabel("年份")
ax[1].set_ylabel("营业收入（亿元）")
```

```
ax[1].set_title(" 建设银行 ")
plt.show()
```

执行后终端显示结果如图9-9所示。

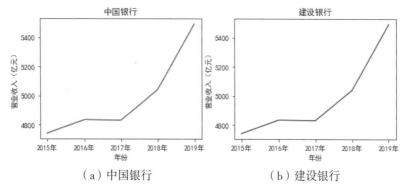

（a）中国银行　　　　　　　（b）建设银行

图 9-9　中国银行和建设银行收入折线图（加图标题）

9.1.6　设置图例

默认情况下图表不显示图例，图例可以对图表内容进行相应的解释，有助于更好地认识图表，因此建议在图表中显示图例。

【案例9-9】添加图例。

通过调用pyplot库的legend方法添加图例。其语法格式如下：

```
matplotlib.pyplot.legend( loc )
```

loc为图例显示位置，其相关参数及说明见表9-3。

表 9-3　添加 legend 图例相关参数及说明

位置字符串	位置代码	说　明
best	0	根据图表区域自动选择合适的位置
upper right	1	显示在右上角
upper left	2	显示在左上角
lower left	3	显示在左下角
lower right	4	显示在右下角
right	5	显示在右侧
center left	6	显示在左侧中心
center right	7	显示在右侧中心
lower center	8	显示在底部中心
upper center	9	显示在顶部中心
center	10	显示在正中心

设定loc参数时既可以使用位置字符串也可以使用位置代码。

本案例继续使用【案例9-1】中的数据。

绘制中国银行和建设银行2015—2019年营业收入图表，添加图例，位于图表左上角。代码参考如下：

```
# 导入数据
import pandas as pd
df = pd.read_excel("D:/DataAnalysis/Chapter09Data/Revenue.xlsx")


# 准备绘图
import matplotlib.pyplot as plt
plt.rcParams["font.sans-serif"]=["SimHei"]
plt.rcParams["axes.unicode_minus"]=False
plt.figure(figsize = (4,3))
plt.plot(df.columns[1:6], df.iloc[0,1:6], color = "red", label = "中国银行")
plt.plot(df.columns[1:6], df.iloc[1,1:6], color = "green", label = "建设银行")
xtitle = ["2015年", "2016年", "2017年", "2018年", "2019年"]
plt.xticks(df.columns[1:6], xtitle)
plt.xlabel("年份", fontsize = "12")
plt.ylabel("营业收入（亿元）", fontsize = "12")
plt.legend(loc = "upper left")
plt.show()
```

执行后终端显示结果如图9-10所示。

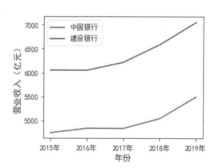

图9-10　中国银行、建设银行营业收入折线对比图（加图例）

9.1.7　设置数据标签

默认情况下图表中不显示数据标签，数据标签就是图表中的数据点对应的数据值，显示数据标签可以让图表数据更清晰。

【案例9-10】设置数据标签。

通过调用pyplot库的text方法设置数据标签，其语法格式如下：

```
matplotlib.pyplot.text( x, y, s )
```

x参数为数据标签的X轴位置，y参数为数据标签的Y轴位置，s参数为显示的文字。还可以对数据标签的显示位置和字体大小进行设置，见表9-4。

表 9-4　数据标签设置的相关参数及说明

参数名称	说　明
ha	文字在水平方向的位置，有 left、center、right 三个值
va	文字在垂直方向的位置，有 top、center、bottom 三个值
fontsize	字体大小

本案例继续使用【案例9-1】中的数据。

绘制中国银行2015—2019年营业收入图表，添加数据标签，调整垂直方向位置，设置字体大小为12。代码参考如下：

```
# 导入数据
import pandas as pd
df = pd.read_excel("D:/DataAnalysis/Chapter09Data/Revenue.xlsx")

# 准备绘图
import matplotlib.pyplot as plt
plt.rcParams["font.sans-serif"]=["SimHei"]
plt.rcParams["axes.unicode_minus"]=False
plt.figure(figsize=(4,3))
plt.plot(df.columns[1:6], df.iloc[0,1:6])
xtitle = ["2015年", "2016年", "2017年", "2018年", "2019年"]
plt.xticks(df.columns[1:6], xtitle)
plt.xlabel("年份", fontsize = "12")
plt.ylabel("营业收入（亿元）", fontsize = "12")
plt.title(label = "中国银行营业收入变化", fontsize = "14")
# 在 2017 年营业收入的数值处显示 4833，即该年的营业收入额
plt.text(2017, 4833, 4833, va = "top", fontsize = 12)
plt.show()
```

执行后终端显示结果如图9-11所示。

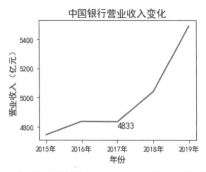

图 9-11　中国银行营业收入变化折线图（加数据标签）

通过text方法只能显示一个数据标签, 如果要显示所有数据标签, 则可以使用for循环遍历所有数据。代码参考如下:

```
# 导入数据
import pandas as pd
df = pd.read_excel("D:/DataAnalysis/Chapter09Data/Revenue.xlsx")

# 准备绘图
import matplotlib.pyplot as plt
plt.rcParams["font.sans-serif"]=["SimHei"]
plt.rcParams["axes.unicode_minus"]=False
plt.figure(figsize=(4,3))
plt.plot(df.columns[1:6], df.iloc[0,1:6])
xtitle = ["2015年", "2016年", "2017年", "2018年", "2019年"]
plt.xticks(df.columns[1:6], xtitle)
plt.xlabel("年份", fontsize = "12")
plt.ylabel("营业收入(亿元)", fontsize = "12")
plt.title(label = "中国银行营业收入变化", fontsize = "14")
for x, y in zip(df.columns[1:6], df.iloc[0,1:6]):
    plt.text(x, y, y, va = "top", fontsize = 12)
plt.show()
```

执行后终端显示结果如图9-12所示。

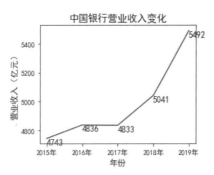

图 9-12 中国银行营业收入变化折线图(加所有数据标签)

9.1.8 保存图形

绘制好的图表还可以保存到本地目录中, 并指定图片格式。

【案例9-11】将绘制好的图表保存为图片。

通过调用pyplot库的savefig方法保存图片, 其语法格式如下:

```
matplotlib.pyplot.savefig( fname )          # fname 为图片路径
```

本案例继续使用【案例9-1】中的数据。

将【案例9-10】中绘制的图表保存为JPG图片，文件名称为Revenue.jpg。代码参考如下：

```python
# 导入数据
import pandas as pd
df = pd.read_excel("D:/DataAnalysis/Chapter09Data/Revenue.xlsx")

# 准备绘图
import matplotlib.pyplot as plt
plt.rcParams["font.sans-serif"]=["SimHei"]
plt.rcParams["axes.unicode_minus"]=False
plt.figure(figsize=(4,3))
plt.plot(df.columns[1:6], df.iloc[0,1:6])
xtitle = ["2015年", "2016年", "2017年", "2018年", "2019年"]
plt.xticks(df.columns[1:6], xtitle)
plt.xlabel("年份", fontsize = "12")
plt.ylabel("营业收入（亿元）", fontsize = "12")
plt.title(label = "中国银行营业收入变化", fontsize = "14")
# 在2017年营业收入的数值处显示4833，即该年的营业收入额
plt.text(2017, 4833, 4833, va = "top", fontsize = 12)
plt.savefig("D:/DataAnalysis/Chapter09Data/Revenue.jpg")
```

生成的图片会保存在指定目录中，文件名称为Revenue.jpg。

9.2　基于 Matplotlib 绘制不同类型图表

在进行数据可视化时，根据数据内容选择不同类型的图表进行数据展示。Python提供了非常丰富的图表类型，其中包括折线图、散点图、柱状图、直方图、条形图、饼图、气泡图、雷达图、热力图、组合图等多种形式。

9.2.1　绘制折线图

折线图是最基本的图表类型，主要用于绘制连续数据，显示一段时间内的趋势。例如，数据在一段时间内呈增长趋势，另一段时间内呈下降趋势，则可以使用折线图。同时，折线图还可以展示数量的差异和增长趋势的变化。

通过调用pyplot库的plot方法绘制折线图，该方法在前面已经介绍过，基本语法格式为：

```python
plt.plot(xdata,ydata,color,linestyle,marker,alpha)
```

该方法的主要参数及说明见表9-5。

表9-5　绘制折线图相关参数及说明

参数名称	说明
xdata	x轴数据
ydata	y轴数据
color	线条颜色，默认为None
linestyle	线条类型，默认为 "–"
marker	绘制点的类型，默认为None
alpha	线条透明度，接收 0~1 的小数，默认为None

color参数共8种常用颜色，见表9-6。

表9-6　绘制折线图 color 参数及说明

颜色缩写	标准颜色名称	说　明
b	blue	蓝色
g	green	绿色
r	red	红色
c	cyan	青色
m	magenta	品红
y	yellow	黄色
k	black	黑色
w	white	白色

如果8种常用颜色无法满足绘图需要，还可以使用十六进制颜色值或RGB元组的方式设定颜色。

linestyle参数代表线条类型，主要有4种类型，见表9-7。

表9-7　绘制折线图 linestyle 参数及说明

简　写	线条名称	样　式	说　明
–	solid	———————	实线
––	dashed	- - - - - - -	短线
–.	dashdot	- . - . - . -	线点相接
:	dotted	....	虚线

marker参数代表图中每个点的标记方式，见表9-8。

表 9-8　绘制折线图 marker 参数及说明

Marker 标记	图　形	说　明
.	●	点
o	●	实心圆
v	▼	下三角
^	▲	上三角
<	◄	左三角
>	►	右三角
s	■	正方形
p	⬟	五边形
P	✚	粗十字
*	★	五角星
h	⬡	竖放六边形
H	⬣	横放六边形
+	+	加号
D	◆	大菱形
d	◆	小菱形

【案例 9-12】绘制中国银行 2015—2019 年营业收入折线图。

本案例继续使用【案例 9-1】中的数据。

绘制中国银行 2015—2019 年营业收入折线图，颜色使用红色，线条使用实线，标记使用实心圆。绘图代码参考如下：

```python
# 导入数据
import pandas as pd
df = pd.read_excel("D:/DataAnalysis/Chapter09Data/Revenue.xlsx")

# 准备绘图
import matplotlib.pyplot as plt
plt.rcParams["font.sans-serif"]=["SimHei"]
plt.rcParams["axes.unicode_minus"]=False
plt.figure(figsize=(4,3))
plt.plot(df.columns[1:6], df.iloc[0,1:6], color = "r", linestyle = "solid", marker = "o")
xtitle = ["2015 年 ", "2016 年 ", "2017 年 ", "2018 年 ", "2019 年 "]
plt.xticks(df.columns[1:6], xtitle)
```

```
plt.xlabel(" 年份 ", fontsize = "12")
plt.ylabel(" 营业收入（亿元）", fontsize = "12")
plt.title(label = " 中国银行营业收入折线图 ", fontsize = "14")
plt.show()
```

执行后终端显示结果如图9-13所示。

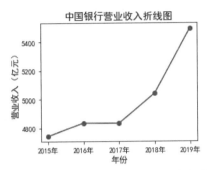

图 9-13 中国银行营业收入折线图（加颜色）

9.2.2 绘制散点图

散点图主要用于表示成对的数和它们所代表的趋势之间的关系，是一种反映特征间统计关系的图形。通过散点图可以比较直观地展示数据，同时还可以观察这些数据之间的分布规律。

通过调用pyplot库的scatter方法绘制散点图，基本语法格式为：

```
plt.scatter(xdata,ydata,s,c,marker,alpha)
```

该方法的相关参数及说明见表9-9。

表 9-9 绘制散点图相关参数及说明

参数名称	说 明
xdata	x 轴数据
ydata	y 轴数据
s	散点大小，即每个点的面积
c	散点颜色，默认为 None
marker	绘制的点类型，与折线图相同，默认为 None
alpha	线条透明度，接收 0~1 的小数，默认为 None

【案例9-13】绘制中国银行2015—2019年营业收入散点图。

本案例继续使用【案例9-1】中的数据。

绘制中国银行2015—2019年营业收入散点图，散点颜色使用红色，大小为100，标记使用五角星。代码参考如下：

```
# 导入数据
import pandas as pd
df = pd.read_excel("D:/DataAnalysis/Chapter09Data/Revenue.xlsx")

# 准备绘图
import matplotlib.pyplot as plt
plt.rcParams["font.sans-serif"]=["SimHei"]
plt.rcParams["axes.unicode_minus"]=False
plt.figure(figsize=(4,3))
# 绘制散点图
plt.scatter(df.columns[1:6], df.iloc[0,1:6],c = "r", s = 100, marker = "*")
# 设置其他坐标轴参数
xtitle = ["2015年", "2016年", "2017年", "2018年", "2019年"]
plt.xticks(df.columns[1:6], xtitle)
plt.xlabel("年份", fontsize = "12")
plt.ylabel("营业收入（亿元）", fontsize = "12")
plt.title(label = "中国银行营业收入散点图", fontsize = "14")
plt.show()
```

执行后终端显示结果如图9-14所示。

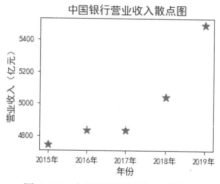

图 9-14　中国银行营业收入散点图

9.2.3　绘制柱状图

柱状图是一种常见的统计图，由一系列高度不等的矩形表示数据分布情况，一般横轴表示数据所属类别，纵轴表示数量或占比。

通过调用pyplot库的bar方法绘制柱状图，其基本语法格式为：

```
plt.bar(xdata,ydata,width,color)
```

该方法的相关参数及说明见表9-10。

表9-10 绘制柱状图相关参数及说明

参数名称	说　明
xdata	准备的 x 轴数据
ydata	x 轴数据对应的大小
width	矩形宽度，接收 0~1 的小数
color	矩形颜色

【案例9-14】绘制中国银行2015—2019年营业收入柱状图。

本案例继续使用【案例9-1】中的数据。

绘制中国银行2015—2019年营业收入柱状图，颜色为蓝色，宽度为0.6。代码参考如下：

```
# 导入数据
import pandas as pd
df = pd.read_excel("D:/DataAnalysis/Chapter09Data/Revenue.xlsx")

# 准备绘图
import matplotlib.pyplot as plt
plt.rcParams["font.sans-serif"]=["SimHei"]
plt.rcParams["axes.unicode_minus"]=False
plt.figure(figsize=(4,3))
# 绘制柱状图
plt.bar(df.columns[1:6], df.iloc[0,1:6], color = "b", width = 0.6)
# 设置其他坐标轴参数
xtitle = ["2015年", "2016年", "2017年", "2018年", "2019年"]
plt.xticks(df.columns[1:6], xtitle)
plt.xlabel("年份", fontsize = "12")
plt.ylabel("营业收入（亿元）", fontsize = "12")
plt.title(label = "中国银行营业收入柱状图", fontsize = "14")
```

执行后终端显示结果如图9-15所示。

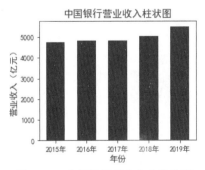

图9-15 中国银行营业收入柱状图

【案例9-15】绘制中国银行和建设银行2015—2019年营业收入柱状图。

柱状图不仅可以展示一列数据，还可以展示多列数据；多列数据并排展示不仅可以比较数据，也可以展现数据趋势。

本案例继续使用【案例9-1】中的数据。

绘制中国银行和建设银行2015—2019年营业收入柱状图，中国银行颜色为蓝色，建设银行颜色为红色，宽度为0.3。代码参考如下：

```python
# 导入数据
import pandas as pd
df = pd.read_excel("D:/DataAnalysis/Chapter09Data/Revenue.xlsx")

# 准备绘图
import matplotlib.pyplot as plt
plt.rcParams["font.sans-serif"]=["SimHei"]
plt.rcParams["axes.unicode_minus"]=False
plt.figure(figsize=(5,3))
import numpy as np
# 设置 x 轴刻度值
xtitle = [2015, 2016, 2017, 2018, 2019]
xdata = np.arange(5)+1
# 绘制柱状图
plt.bar(xdata, df.iloc[0,1:6], color = "b", width = 0.3, label = " 中国银行 ")
plt.bar(xdata + 0.3, df.iloc[1,1:6], color = "r", width = 0.3, label = " 建设银行 ")
# 设置其他坐标轴参数
plt.xticks(xdata + 0.15, xtitle)
plt.xlabel(" 年份 ", fontsize = "12")
plt.ylabel(" 营业收入（亿元）", fontsize = "12")
plt.title(label = " 中国银行和建设银行营业收入柱状图 ", fontsize = "14")
plt.legend(loc = "upper left")
```

执行后终端显示结果如图9-16所示。

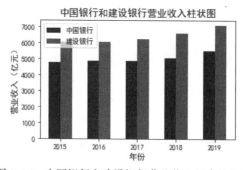

图 9-16　中国银行和建设银行营业收入组合柱状图

9.2.4　绘制直方图

直方图与柱状图展示方式类似，直方图中用矩形的面积表示频数，一般用横轴表示数据类型或等长区间；纵轴表示分布情况（落在该区间的频数）。

通过调用pyplot库的hist方法绘制直方图。其基本语法格式为：

```
plt.hist(xdata,bins,normed,color)
```

该方法的相关参数及说明见表9-11。

表9-11　绘制直方图相关参数及说明

参数名称	说　明
xdata	每个 bin（箱子）分布的数据，对应 x 轴数据
bins	直方图的矩形数目，默认为 10
normed	直方图密度，即每个矩形的占比，默认为 1
color	矩形颜色

【案例9-16】绘制学生成绩直方图。

本案例模拟随机生成学生成绩作为数据源。代码参考如下：

```
# 导入 numpy 库
import numpy as np
# 使用 numpy 的 random 模块，随机生成 150 个 0~100 的数作为成绩
score = np.random.randint(0,100,150)
```

然后利用该数据绘制直方图，设置bin数目为20。代码参考如下：

```
import matplotlib.pyplot as plt
plt.rcParams["font.sans-serif"]=["SimHei"]
plt.rcParams["axes.unicode_minus"]=False
plt.figure(figsize=(6,3))
# 绘制直方图
plt.hist(score,20)
# 设置其他坐标轴参数
plt.xlabel("计算机成绩 ", fontsize = "12")
plt.ylabel("学生人数 ", fontsize = "12")
plt.title(label = "学生成绩直方图 ", fontsize = "14")
plt.show()
```

执行后终端显示结果如图9-17所示。

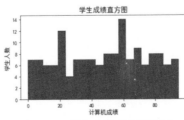

图9-17　学生成绩直方图案例

9.2.5 绘制条形图

条形图与柱状图展示方式类似，只是采用横向展示，适合用于一些类别名称比较长的数据。通过调用 pyplot 库的 barh 方法绘制条形图。其基本语法格式为：

```
plt.barh(ydata,width,height,color,align)
```

该方法的相关参数及说明见表 9-12。

表 9-12　绘制条形图相关参数及说明

参数名称	说　明
ydata	对应 Y 轴的数据
width	矩形的宽度
height	矩形的高度，默认值为 0.8
color	矩形的颜色
align	矩形的对齐方式，可选为 center、edge，默认为 center

扫一扫，看视频讲解

【案例 9-17】绘制中国银行 2015—2019 年营业收入条形图。

本案例继续使用【案例 9-1】中的数据。

绘制中国银行 2015—2019 年营业收入条形图，颜色为蓝色，高度为 0.6。示例代码参考如下：

```
# 导入数据
import pandas as pd
df = pd.read_excel("D:/DataAnalysis/Chapter09Data/Revenue.xlsx")


# 准备绘图
import matplotlib.pyplot as plt
plt.rcParams["font.sans-serif"]=["SimHei"]
plt.rcParams["axes.unicode_minus"]=False
plt.figure(figsize=(4,3))
# 绘制水平条形图
plt.barh(df.columns[1:6], df.iloc[0,1:6], color = "b", height = 0.6)
# 设置坐标轴、数据标签等信息
ytitle = ["2015 年 ", "2016 年 ", "2017 年 ", "2018 年 ", "2019 年 "]
plt.yticks(df.columns[1:6], ytitle)
plt.ylabel(" 年份 ", fontsize = "12")
plt.xlabel(" 营业收入（亿元）", fontsize = "12")
plt.title(label = " 中国银行营业收入条形图 ", fontsize = "14")
plt.show()
```

执行后终端显示结果如图 9-18 所示。

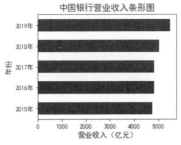

图9-18　中国银行营业收入条形图

9.2.6　绘制饼图

饼图显示一个数据系列中各项的大小与各项总和的比例，以一张"饼"的样式显示。饼图可以比较清楚地反映出部分与部分、部分与整体之间的比例关系，易于显示每组数据相对于总数的大小，且显示方式直观。

可以通过调用pyplot库的pie方法绘制饼图。基本语法格式为：

```
plt.pie(data,explode,labels,color,autopct,radius,shadow)
```

该方法的主要参数及说明见表9-13。

表9-13　绘制饼图相关参数及说明

参数名称	说　明
data	饼图数据
explode	扇面偏离，每一块离圆心的距离，其值为浮点数，默认为 None
labels	扇面说明文字
color	扇面颜色
autopct	在扇面上显示比例的格式，默认为 None
radius	饼图半径
shadow	饼图阴影

【案例9-18】绘制中国银行2015—2019年营业收入饼图。

本案例继续使用【案例9-1】中的数据。

绘制中国银行2015—2019年营业收入饼图，第5块扇面离圆心距离为0.1，每块扇面的说明文字为对应年份，扇面显示的格式为小数点后2位的百分比，饼图的半径为1.5，显示饼图的阴影。代码参考如下：

扫一扫，看视频讲解

```
# 导入数据
import pandas as pd
df = pd.read_excel("D:/DataAnalysis/Chapter09Data/Revenue.xlsx")

# 准备绘图
```

```
import matplotlib.pyplot as plt
plt.rcParams["font.sans-serif"]=["SimHei"]
plt.rcParams["axes.unicode_minus"]=False
plt.figure(figsize=(4,3))
labels= ["2015年", "2016年", "2017年", "2018年", "2019年"]
#绘制饼图
plt.pie(df.iloc[0,1:6], explode = [0,0,0,0,0.1], labels = labels, autopct = "%.2f%%",
radius = 1.5, shadow = True)
plt.show()
```

执行后终端显示结果如图9-19所示。

图 9-19　中国银行 2015—2019 年营业收入饼图

9.2.7　绘制气泡图

气泡图是显示变量之间相关性的一种图表，与散点图类似。与散点图不同的是，气泡图是一个多变量图，它增加了第三个变量即气泡大小，在气泡图中，较大的气泡表示较大的值。可以通过气泡的位置分布和大小比例来分析数据的规律。

可以通过调用pyplot库的scatter方法来绘制气泡图，用法与散点图基本一致，其中的s参数是根据数值大小来设定的。其语法格式为：

```
plt.scatter(xdata,ydata,s,c,marker,alpha)
```

该方法的相关参数及说明见表9-14。

表 9-14　绘制气泡图相关参数及说明

参数名称	说　明
xdata	x 轴数据
ydata	y 轴数据
s	气泡大小，即每个气泡的面积
c	气泡颜色
marker	绘制的气泡类型，与折线图相同，默认为 None
alpha	线条透明度，接收 0~1 的小数，默认为 None

【**案例9-19**】绘制农作物产量与温度、降雨量的关系气泡图。

本案例通过农作物产量、温度和降雨量3类数据，分析产量是否受温度或降雨量的影响。使用气泡图突出温度、降雨量与产量之间的相关关系。代码参考如下：

```python
# 导入相关库
import matplotlib.pyplot as plt
import numpy as np

# 这两行代码解决 plt 中文显示的问题
plt.rcParams['font.sans-serif'] = ['SimHei']
plt.rcParams['axes.unicode_minus'] = False

# 准备农作物产量与温度数据
production = [1105, 1695, 2320, 2793, 2961, 3712, 4325]
temp = [6, 9, 11, 14, 15, 17, 25]
# 准备降雨量数据
rain = [23, 38, 56, 63, 102, 88, 108]
# 颜色数组
colors = np.random.rand(len(temp))
# 画气泡图
plt.scatter(temp, rain, s=production, c=colors, alpha=0.7)
# 纵坐标轴范围
plt.ylim([0, 150])
# 横坐标轴范围
plt.xlim([0, 30])
plt.xlabel(" 温度 ")      # 横坐标轴标题
plt.ylabel(" 降雨量 ")   # 纵坐标轴标题
plt.show()
```

执行后终端显示结果如图9-20所示。

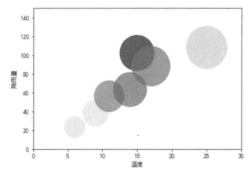

图 9-20　农作物产量与温度与降雨量的关系气泡图

9.2.8 绘制雷达图

雷达图又称蜘蛛网图，适用于显示3个或更多维度的变量。雷达图是在同一点开始的轴上显示3个或更多个变量的多元数据的图表，其中，轴的相对位置和角度通常是无意义的。

通过调用pyplot库的polar方法绘制雷达图。其基本语法格式如下：

```
plt.polar(angle, r, color, marker)
```

该方法的主要参数及说明见表9-15。

表 9-15　绘制雷达图相关参数及说明

参数名称	说　明
angle	每个点在坐标系中的角度
r	每个点在坐标系中的半径
color	连线颜色
marker	每个点的类型，与折线图相同，默认为 None

【案例9-20】绘制某公司营业收入明细雷达图。

本案例使用某公司2019年度的营业收入明细作为数据源，数据内容如图9-21所示。

营业收入分项	金额
利息净收入	37 425.00
手续费及佣金净收入	39 612.00
汇兑收益	15 974.00
投资净收益	23 615.00
公允价值变动净收益	12 395.00
其他业务收入	26 336.00

图 9-21　营业收入明细

下面使用雷达图来对比各项收入情况。代码参考如下：

```
# 导入相关库
import matplotlib.pyplot as plt
import numpy as np


# 这两行代码解决 plt 中文显示的问题
plt.rcParams['font.sans-serif'] = ['SimHei']
plt.rcParams['axes.unicode_minus'] = False


# 准备数据标签
labels = ["利息净收入 ","手续费及佣金净收入 ","汇兑收益 ","投资净收益 ","公允价值变动净收益 ", "其他业务收入 "]
#2019 年的营业收入数据
data_2019 = [37425, 39612, 15974, 23615, 12395, 26336]


# 雷达图共包括 6 个点
dataLength = len(labels)
# 设置每个数据点的显示位置，在雷达图上用角度表示
```

```
angles=np.linspace(0,2*np.pi,dataLength,endpoint=False)

# 拼接数据首尾，使图形中线条封闭
r=np.concatenate((data_2019,[data_2019[0]]))
angles=np.concatenate((angles,[angles[0]]))
# 画雷达图
plt.polar(angles, r, marker = "o",c='r')

# 标签设置
plt.xticks(angles, labels)
plt.tick_params('y', labelleft=False)
plt.title(label = "2019年营业收入明细雷达图 ", fontsize = "14")
plt.show()
```

执行后终端显示结果如图9-22所示。

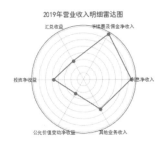

图 9-22　某公司 2019 年营业收入雷达图

💻 9.2.9　绘制热力图

热力图是用颜色深浅表示数据对应位置值的大小的图形，需要矩阵形式的数据。通过热力图可以快速发现数据中的重点，以及两组数据之间的相关性。

通过调用pyplot库的imshow方法绘制热力图。其基本语法格式为：

```
plt.imshow(data,cmap)
```

该方法的相关参数及说明见表9-16。

表 9-16　绘制热力图相关参数及说明

参数名称	说明
data	热力图数据，需要矩阵形式
cmap	填充色，系统提供了非常丰富的配色方案

【案例9-21】绘制鸢尾花各属性相关热力图。

鸢尾花数据集是非常经典的机器学习数据集，本书在第2章【案例2-15】中使用过该数据集，读者可以返回该案例查看数据集的导入方法。

鸢尾花数据集共有4个属性特征，通过这4个特征来判定其所属类别。这是一个分类问题，在数据预处理阶段可以先来了解各属性特征之间的相关性，然后对该相关性分析结果制作热力图。从热力图上可以很直观地判断哪一种或哪几种属性与类别关联程度高。代码参考如下：

```python
# 导入数据集
from sklearn import datasets
iris_data=datasets.load_iris()

# 准备好鸢尾花属性数据和类别数据
iris_columns=iris_data.data
iris_target = iris_data.target

# 各列属性名称
iris_labels=iris_data.feature_names
# 去除属性名称里的 (cm) 和两侧的空格
iris_labels=[str(item).replace("(cm)","").strip() for item in iris_labels]

# 创建 dataframe
df = pd.DataFrame(iris_columns,columns=iris_labels)

# 计算各属性列之间的相关性
correlation = df.corr()

# 基于相关性数据绘制热力图
plt.figure(figsize=(9,6))
plt.imshow(correlation,cmap='GnBu')
plt.colorbar()
plt.xticks([0,1,2,3],df.columns)
plt.yticks([0,1,2,3],df.columns)
plt.show()
```

执行后终端显示结果如图9-23所示。

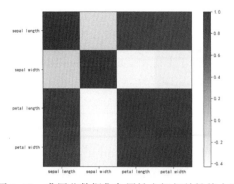

图 9-23　鸢尾花数据集各属性之间相关性热力图

热力图中颜色越深，指示正相关性越强。相关系数1是属性自身的相关情况。从图9-23中可以看出，petal width与petal width相关性达到0.9以上。此时也可以使用散点图来查看确认一下，代码参考如下：

```
# 基于相关性数据绘制散点图
plt.figure(figsize=(6,4))
plt.scatter(df['petal width'],df['petal length'])
plt.xlabel("petal width")
plt.ylabel("petal length")
plt.show()
```

执行后结果如图9-24所示。

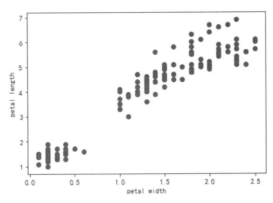

图 9-24 鸢尾花数据集 petal width 与 petal length 分布散点图

9.2.10 绘制组合图

除了在画布中绘制相同类型的图表外，还可以在画布中展示多种不同类型的图表，这种图称为组合图。

【案例9-22】绘制各家银行2015—2019年营业收入组合图。

本案例继续使用【案例9-1】中的数据。

绘制中国银行、建设银行、农业银行、工商银行2015—2019年营业收入组合图，分别使用折线图展示各银行的数据。代码参考如下：

```
# 导入数据
import pandas as pd
df = pd.read_excel("D:/DataAnalysis/Chapter09Data/Revenue.xlsx")


# 准备绘图
import matplotlib.pyplot as plt
plt.rcParams["font.sans-serif"]=["SimHei"]
plt.rcParams["axes.unicode_minus"]=False
plt.figure(figsize=(5,3))
```

```
# 绘制各家银行折线图
plt.plot(df.columns[1:6], df.iloc[0,1:6], color = "r",linestyle = "solid", marker =
"o", label = "中国银行")
plt.plot(df.columns[1:6], df.iloc[1,1:6], color = "b", linestyle = "dashed", marker
= "s", label = "建设银行")
plt.plot(df.columns[1:6], df.iloc[2,1:6], color = "g",linestyle = "dashdot", marker
= "*", label = "农业银行")
plt.plot(df.columns[1:6], df.iloc[3,1:6], color = "c", linestyle = "dotted", marker
= "h", label = "工商银行")
# 坐标轴相关设置
xtitle = ["2015年", "2016年", "2017年", "2018年", "2019年"]
plt.xticks(df.columns[1:6], xtitle)
plt.title(label = "营业收入组合图", fontsize = "14")
plt.legend()
```

执行后终端显示结果如图9-25所示。

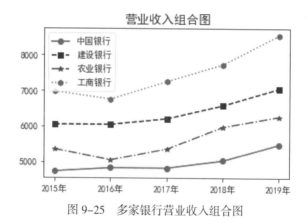

图 9-25　多家银行营业收入组合图

组合图可以使用的图表类型不仅限于折线图，还可以是折线图+柱状图、柱状图+柱状图等多种方式，具体的组合方式要根据数据分析的需要进行选择。

9.3　基于 Seaborn 库绘制图形

除了使用Matplotlib库，还可以使用Seaborn库绘制图表。Seaborn在Matplotlib的基础上进行了更高级的API封装，类似于提供了多种样式的模板，用户可以直接使用这些模板而不必为显示细节烦恼。Seaborn是对Matplotlib的有力补充，但并不能替代Matplotlib，如果想要设计个性化图表，还是需要使用Matplotlib。

Seaborn绘制图表的基本方法见表9-17。

表 9-17　Seaborn 库绘图的基本方法

方法名称	说　明
displot	直方图
scatterplot	散点图
barplot	柱状图
lineplot	折线图
heatmap	热力图
boxplot	箱线图

【案例9-23】基于Seaborn绘制中国银行2015—2019年营业收入柱状图。

本案例继续使用【案例9-1】中的数据。

这里调用Seaborn库的barplot方法绘制中国银行2015—2019年营业收入柱状图。代码参考如下：

```
import pandas as pd
df = pd.read_excel("D:/DataAnalysis/Chapter09Data/Revenue.xlsx")
import seaborn as sns
# 定义主题风格，解决 seaborn 中文显示问题
sns.set_style('whitegrid',{'font.sans-serif':['simhei','Arial']})
# 显示柱状图
ax = sns.barplot(x = df.columns[1:6], y = df.iloc[0,1:6])
# 设置 x 轴标题，y 轴标题，图表标题
ax.set(xlabel=" 年份 ", ylabel=" 营业收入（亿元）", title = " 中国银行营业收入柱状图 ")
```

执行后终端显示结果如图9-26所示。

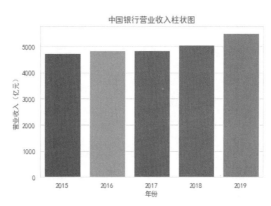

图 9-26　基于 seaborn 绘制中国银行营业收入柱状图

【案例9-24】基于Seaborn绘制鸢尾花各属性相关性热力图。

本案例数据可参考【案例9-21】，将后续的基于Pyplot库的绘图修改为基于Seaborn库的绘图代码即可。

```
# 导入 seaborn 库
import seaborn as sns

# 导入数据集
from sklearn import datasets
iris_data=datasets.load_iris()

# 准备好鸢尾花属性数据和类别数据
iris_columns=iris_data.data
iris_target = iris_data.target

# 各列属性名称
iris_labels=iris_data.feature_names
# 去除属性名称里的 (cm) 和两侧的空格
iris_labels=[str(item).replace("(cm)","").strip() for item in iris_labels]

# 创建 dataframe
df = pd.DataFrame(iris_columns,columns=iris_labels)

# 计算各列之间的相关性
correlation = df.corr()

# 基于相关性数据绘制热力图
plt.figure(figsize=(9,6))
sns_plot = sns.heatmap(correlation, cmap='GnBu',annot=True)
plt.show()
```

代码执行后热力图效果如图9-27所示。

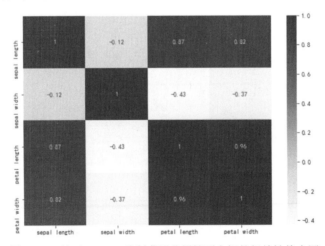

图 9-27　基于 seaborn 绘制鸢尾花属性列之间的相关性热力图

9.4　Python 数据可视化综合实践

至此，已经介绍了如何进行数据可视化及数据可视化的不同表示方式，其中包括如何使用不同类型图表展示数据。下面通过一个综合案例进一步巩固数据可视化的相关知识。

【案例9-25】2010—2019年国内GDP数据可视化综合实践。

本案例使用2010—2019年我国GDP数据作为数据源，文件名称为GDP.xlsx。案例数据可以从本书提供的代码托管地址页面下载。

打开Spyder新建一个Python文件，命名为Chapter9-example.py，然后按如下步骤完成任务。

首先，读入GDP.xlsx中的数据。

```
import pandas as pd
df = pd.read_excel("D:/DataAnalysis/Chapter09Data/GDP.xlsx")
print(df)
```

执行后终端显示结果如下：

	指标	2010 年	2011 年	...	2017 年	2018 年	2019 年
0	国民总收入（亿元）	410354.1	483392.8	...	831381.2	914327.1	988528.9
1	国内生产总值（亿元）	412119.3	487940.2	...	832035.9	919281.1	990865.1
2	第一产业增加值（亿元）	38430.8	44781.5	...	62099.5	64745.2	70466.7
3	第二产业增加值（亿元）	191626.5	227035.1	...	331580.5	364835.2	386165.3
4	第三产业增加值（亿元）	182061.9	216123.6	...	438355.9	489700.8	534233.1
5	人均国内生产总值（元）	30808.0	36302.0	...	60014.0	66006.0	70892.0

下面编写代码来绘制2010—2019年国内生产总值柱状图。代码参考如下：

```
# 准备绘制柱状图
import matplotlib.pyplot as plt
plt.rcParams["font.sans-serif"]=["SimHei"]
plt.rcParams["axes.unicode_minus"]=False
plt.figure(figsize=(7,3))
# 提取列名作为 x 轴的显示标签
xlabels = df.columns[1:11]
# 提取国内生产总值数据作为图表数据
values = df.iloc[1,1:11]
# 绘制柱状图
plt.bar(xlabels, values)
# 设定相关显示参数
plt.xlabel(" 年份 ", fontsize = "12")
plt.ylabel(" 国内生产总值（亿元）", fontsize = "12")
plt.title(label = "2010—2019 年 GDP 变化 ", fontsize = "14")
plt.show()
```

执行后终端显示结果如图 9-28 所示。

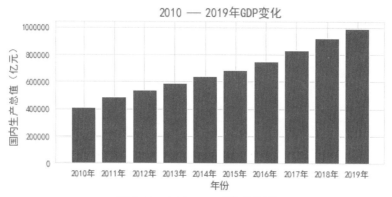

图 9-28　国内 GDP 变化柱状图

从图 9-28 中可以看出 2010—2019 年我国国内生产总值逐年增长，2019 年 GDP 已经超过 2010 年的 2 倍。

绘制 2010—2019 年第一产业、第二产业、第三产业增加值组合图。代码参考如下：

```
# 第一产业、第二产业、第三产业增加值组合图
# 提取列名作为 X 轴的显示标签
xlabels = df.columns[1:11]
# 提取第一产业数据
fvalues = df.iloc[2,1:11]
# 提取第二产业数据
svalues = df.iloc[3,1:11]
# 提取第三产业数据
tvalues = df.iloc[4,1:11]
# 绘制多组折线图
plt.plot(xlabels, fvalues, color = "r", linestyle = "solid", marker = "o", label =
" 第一产业 ")
plt.plot(xlabels, svalues, color = "b",linestyle = "dashed", marker = "s", label =
" 第二产业 ")
plt.plot(xlabels, tvalues, color = "g",linestyle = "dashdot", marker = "h", label =
" 第三产业 ")
plt.title(label = " 第一产业、第二产业、第三产业增加值组合图 ", fontsize = "14")
plt.legend(loc = "upper left")
plt.show()
```

执行后终端显示结果如图 9-29 所示。

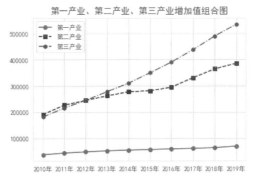

图 9-29　国内第一产业、第二产业、第三产业增加值组合图

从图9-29可以看出第一产业增长平缓，增幅不大，而第二产业和第三产业增长幅度较大，其中第三产业增幅最大。

绘制2010年和2019年第一产业、第二产业、第三产业增加值饼图，通过多图排列的方式比较2010年和2019年的变化。代码参考如下：

```
# 提取 2010 年数据
data1 = df.iloc[2:5,1]
# 提取 2019 年数据
data2 = df.iloc[2:5,10]
# 当前画布被分成 1 行 2 列，并开始绘制第一个饼图
ax1 = plt.subplot(1, 2, 1)
plt.pie(data1, labels = ["第一产业","第二产业","第三产业"], autopct = "%.2f%%",
explode = [0.01,0.01,0.01])
plt.title(label = "2010 年", fontsize = "14")
# 开始绘制第二个饼图
ax2 = plt.subplot(1, 2, 2)
plt.pie(data2, labels = ["第一产业","第二产业","第三产业"], autopct = "%.2f%%",
explode = [0.01,0.01,0.01])
plt.title(label = "2019 年", fontsize = "14")
```

执行后终端显示结果如图9-30所示。

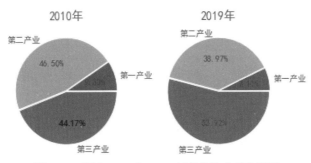

图 9-30　国内 2010 与 2019 年产业构成对比饼图

从图9-30中可以看出2019年第一产业比重相比2010年有所下降，而第三产业所占比重由2010年的44.17%已经增加至2019年的53.92%，2019年第三产业的比重已经超过了国内生产总值的一半。

9.5 本章小结

本章对数据可视化进行了介绍，包括绘制不同类型图表、图标样式调整、图标样式美化等数据可视化方法。Excel和Python都能够提供非常丰富的数据可视化图表，Excel进行数据可视化较为简单，可以通过图形界面进行设置；而Python则更为灵活，其强大的扩展库不仅提供了基础可视化方法，还提供了一系列非常美观的界面。

第 10 章 终于得救，带着战利品离开
——数据输出

终于，求生信号起了作用，被路过的船只发现，掘金者获救。经过不懈的努力，掘金者不仅在荒岛生存了下来，而且学会了荒岛生存技巧，现在可以带着战利品离开了。

经过一系列数据处理和分析后，需要将最终的分析结果保存下来。可以将分析结果存为多种类型文件，如Excel文件、CSV文件或文本文件，也可以将结果存入数据库中，保存的数据还可以作为后续分析的依据。本章思维导图如下：

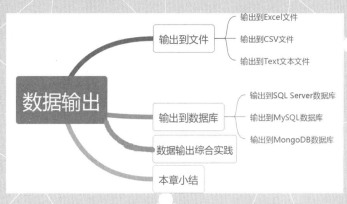

10.1 输出到文件

与导入数据源类似，可以将数据和分析结果存储到多种文件中，其中包括Excel文件、CSV文件和文本文件。

10.1.1 输出到 Excel 文件

在Excel中只需将文件存储为xlsx文件类型即可，在Python中需要通过调用DataFrame数据对象的to_excel方法实现Excel文件存储。

【案例10-1】输出到Excel文件。

本案例中使用数据为北京2020年2月18日PM10部分观测点数据，文件名称为BJPM10.csv，数据中部分观测点数据值缺失。该案例数据与第4章【案例4-1】中的样例数据是同一份，读者可以直接使用【案例4-1】中的数据进行操作。

※ Excel实现

将文件存储为xlsx格式，只需打开文件将文件另存即可，另存时文件类型选择"Excel工作簿(*.xlsx)"。

※ Python实现

通过调用DataFrame数据对象的to_excel方法将DataFrame中的数据存储为xlsx文件。其基本语法格式如下：

```
pandas.DataFrame.to_excel( filename )          # filename 为输出的 Excel 文件名称
```

下面先读入BJPM10.csv中的所有数据，然后使用df对象的to_excel方法就可以输出为Excel文件。代码参考如下：

```
import pandas as pd
df = pd.read_csv("D:/DataAnalysis/Chapter10Data/BJPM10.csv")
df.to_excel("D:/DataAnalysis/Chapter10Data/BJPM10.xlsx")
```

在上述to_excel方法中还可以指定工作表名称进行输出，此时设定sheet_name参数即可。例如，输出Excel文件时指定输出的工作表名称为BJPM10。

```
df.to_excel("D:/DataAnalysis/Chapter10Data/BJPM10.xlsx", sheet_name = "BJPM10")
```

默认情况下输出的Excel文件会带有DataFrame数据中的行索引，如果想不输出该索引列，可以设定参数index的值为False。代码参考如下：

```
df.to_excel("D:/DataAnalysis/Chapter10Data/BJPM10.xlsx", sheet_name = "BJPM10",
index = False)
```

如果只将DataFrame中部分列数据输出到Excel文件中，则需要设定columns参数指定输出的列名，将列名以列表形式传递到参数中。例如，将"官园"和"奥体中心"两个观测站点的数据输出到Excel文件中，就可以设定columns属性列参数。代码参考如下：

```
df.to_excel("D:/DataAnalysis/Chapter10Data/BJPM10.xlsx",
```

```
            sheet_name = "BJPM10", index = False,
            columns = ["date", "hour", "官园", "奥体中心"])
```

如果数据中存在缺失值，则可以通过设定na_rep参数指定替代缺失值的数据。例如，将"官园"和"奥体中心"两个观测站点的数据输出到Excel文件中，并将缺失值替换为0。代码参考如下：

```
df.to_excel("D:/DataAnalysis/Chapter10Data/BJPM10.xlsx",
            sheet_name = "BJPM10", index = False,
            columns = ["date", "hour", "官园", "奥体中心"], na_rep = 0)
```

执行结束后打开BJPM10.xlsx文件，可以看到原来缺失值已经被替换为0了，如图10-1所示。

	A	B	C	D
1	date	hour	官园	奥体中心
2	20200218	0	29	0
3	20200218	1	28	29
4	20200218	2	23	32
5	20200218	3	27	19
6	20200218	4	16	0
7	20200218	5	0	13

图 10-1　输出 Excel 文件时缺失值替换效果

10.1.2　输出到 CSV 文件

在Excel中只需将文件存储为CSV类型即可；在Python中通过调用DataFrame数据对象的to_csv方法实现CSV文件存储。

【案例10-2】输出到CSV文件。

本案例使用数据为某保险公司调查问卷信息，文件名称为Insurance.xlsx。

※ Excel实现

将文件存储为CSV格式，只需将文件另存即可，另存时文件类型选择"CSV UTF-8(逗号分隔)(*.csv)"或者"CSV(逗号分隔)(*.csv)"，其中，前者为UTF-8编码格式，后者为gbk编码格式，UTF-8格式较为常用。

※ Python实现

通过调用DataFrame数据对象的to_csv方法将数据存储为CSV文件。其语法格式如下：

```
pandas.DataFrame.to_csv( filename )              # filename 为文件名称
```

如下示例将读入的Insurance.xlsx文件输出为Insurance.csv文件：

```
import pandas as pd
df = pd.read_excel("D:/DataAnalysis/Chapter10Data/Insurance.xlsx")
df.to_csv("D:/DataAnalysis/Chapter10Data/Insurance.csv")
```

使用Excel打开Insurance.csv文件，部分数据如图10-2所示。

	A	B	C	D	E	F	G
1		鎵燦滿鎏?鎮虹鎬y埆		宸ㄚ綞寪據鎼緞∠伐浣逾椂闂?寄存數牉?			
2	0	17768522588	1991/1/11	Male	10	40	484326
3	1	13870511536	1990/10/15	Male	5	13	383257
4	2	13870511536	1990/10/15	Male	5	13	383257
5	3	13873758655	1986/3/28	Male	9	40	226625

图 10-2 未加编码前输出 csv 文件效果

图 10-2 所示的数据中使用 Excel 打开文件后中文显示会出现乱码，显然是编码的问题。因此需要在使用 to_csv 方法时设定输出编码格式，即设定 encoding 参数值为 utf-8-sig 或 gbk。如下代码：

```
df.to_csv("D:/DataAnalysis/Chapter10Data/Insurance.csv", encoding = "utf-8-sig")
# 设定编码格式
```

再执行后打开 Insurance.csv 文件，中文显示就正确了，如图 10-3 所示。

	A	B	C	D	E	F	G
1		手机号	出生日期	性别	工作年限	周工作时长	年收入
2	0	17768522588	1991/1/11	Male	10	40	484326
3	1	13870511536	1990/10/15	Male	5	13	383257
4	2	13870511536	1990/10/15	Male	5	13	383257
5	3	13873758655	1986/3/28	Male	9	40	226625

图 10-3 输出 csv 文件显示效果

不过在图 10-3 中输出的 CSV 文件中，第一列默认为原 DataFrame 的行索引。如果不需要该列值，可以通过设定 index 参数去除索引列。代码参考如下：

```
# 设定 index 参数为 False
df.to_csv("D:/DataAnalysis/Chapter10Data/Insurance.csv", encoding = "utf-8-sig",
index = False)
```

CSV 文件分隔符一般都为逗号，而分隔符还有空格、分号、制表符等。如果想使用这些分隔符，可以在 to_csv 方法中给定 sep 参数。例如，输出以分号分隔的 CSV 文件。代码参考如下：

```
df.to_csv("D:/DataAnalysis/Chapter10Data/Insurance.csv", encoding = "utf-8-sig",
index = False, sep = ";")
```

如果只将 DataFrame 中部分列数据输出到 Excel 文件中，则需要设定 columns 参数指定输出的列名，将列名以列表的形式传递到参数中。例如，仅选择将"手机号""性别""工作年限"3 列数据输出到 CSV 文件中。代码参考如下：

```
df.to_csv("D:/DataAnalysis/Chapter10Data/Insurance.csv", encoding = "utf-8-sig",
index = False, sep = ";", columns = ["手机号", "性别", "工作年限"])
```

10.1.3 输出到 Text 文本文件

这里的文本文件仅指输出以制表符分隔的文本数据文件。在 Excel 中只需将文件存储为 Text 文本文件类型即可；在 Python 中需要通过调用 DataFrame 数据对象的 to_csv 方法，并设定制表符参数来实现 Text 文本文件存储。

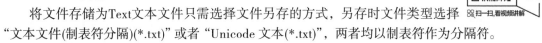

【**案例 10–3**】输出到 Text 文本文件。

本案例继续使用【案例 10–2】中的数据。

※ **Excel实现**

将文件存储为 Text 文本文件只需选择文件另存的方式，另存时文件类型选择"文本文件(制表符分隔)(*.txt)"或者"Unicode 文本(*.txt)"，两者均以制表符作为分隔符。

※ **Python实现**

通过调用 DataFrame 数据对象的 to_csv 方法将数据存储为 Text 文本文件。其语法格式如下：

```
pandas.DataFrame.to_csv( filename,sep="\t" )    # filename 为文件名称 ,sep 为分隔符参
数
```

例如，这里先读入 Insurance.xlsx 中的所有数据，然后输出为文本文件：

```
import pandas as pd
df = pd.read_excel("D:/DataAnalysis/Chapter10Data/Insurance.xlsx")
df.to_csv("D:/DataAnalysis/Chapter10Data/Insurance.txt",sep="\t")
```

如果要输出分隔符为分号的文本文件，则修改参数 sep 的值为分号。代码参考如下：

```
df.to_csv("D:/DataAnalysis/Chapter10Data/Insurance.txt", sep = ";")
```

使用记事本打开 Insurance.txt 文件，部分数据如图 10–4 所示。

```
;手机号;出生日期;性别;工作年限;周工作时长;年收入
0;17768522588;1991/1/11;Male;10;40;484326
1;13870511536;1990/10/15;Male;5;13;383257
2;13870511536;1990/10/15;Male;5;13;383257
3;13873758655;1986/3/28;Male;9;40;226625
4;15864162749;1974/4/9;Female;21;1000;275041
```

图 10–4 文本文件中分号分隔数据

图 10–4 所示数据文件中第 1 列为源 DataFrame 对象的行标签值，可以通过设定 to_csv 方法中的 index 参数值为 False 来去除。代码参考如下：

```
df.to_csv("D:/DataAnalysis/Chapter10Data/Insurance.txt", sep = ";",
                                        index = False)
```

执行后输出结果如图 10–5 所示。

```
手机号;出生日期;性别;工作年限;周工作时长;年收入
17768522588;1991/1/11;Male;10;40;484326
13870511536;1990/10/15;Male;5;13;383257
13870511536;1990/10/15;Male;5;13;383257
13873758655;1986/3/28;Male;9;40;226625
15864162749;1974/4/9;Female;21;1000;275041
```

图 10–5 文本文件中去除源行索引

如果仅输出部分列的数据，则可以设定 columns 参数指定输出的列名。例如，将"手机号""性别""工作年限"3 列数据输出到文本文件中：

```
df.to_csv("D:/DataAnalysis/Chapter10Data/Insurance.txt", sep = ";", index = False,
                    columns = ["手机号", "性别", "工作年限"])
```

最终输出结果如图10-6所示。

手机号;性别;工作年限
17768522588;Male;10
13870511536;Male;5
13870511536;Male;5
13873758655;Male;9
15864162749;Female;21

图 10-6　文本文件中只有部分列数据

10.2　输出到数据库

10.2.1　输出到 SQL Server 数据库

除了将数据保存到本地文件，也可以将其保存到数据库中。在Excel中无法实现将数据保存到数据库中；在Python中通过调用DataFrame数据对象的to_sql方法实现将数据保存到数据库。常用数据库有SQL Server数据库、MySQL数据库、MongoDB数据库。

【案例10-4】输出到SQL Server数据库。

本案例继续使用【案例10-2】中的数据。

※ Python实现

首先读入Insurance.xlsx中的数据。

```
import pandas as pd
df = pd.read_excel("D:/DataAnalysis/Chapter10Data/Insurance.xlsx")
```

然后创建SQL Server数据库连接，具体实现方法可参考【案例3-4】。代码参考如下：

```
from sqlalchemy import create_engine
conn = create_engine("mssql+pymssql://sa:123@localhost/DataAnalysisBook")
```

数据库连接成功后可以通过执行SQL语句将数据写入数据库中，通过调用DataFrame数据对象的to_sql方法实现。其语法格式如下：

```
pandas.DataFrame.to_sql( name, con ,if_exists = "fail" )
```

name为数据库表名，con为SQL Server连接对象。还可以设定index参数值为False，即输出数据不带索引列。if_exists参数用于处理已有数据表的情况，if_exists值可设定为replace、append或fail，replace表示将替换数据库表中的原有数据，append表示将新的数据添加到原有数据后面，fail表示什么都不干。

将df数据写入SQL Server数据库，数据库表名为Insurance。代码参考如下：

```
df.to_sql("Insurance", conn, index = False)
conn.dispose()
```

写入完成后可以使用SQL Server图形管理软件预览数据，部分内容如图10-7所示。

	手机号	出生日期	性别	工作年限	周工作时长	年收入
1	17768522588	1991/1/11	Male	10	40	484326
2	13870511536	1990/10/15	Male	5	13	383257
3	13870511536	1990/10/15	Male	5	13	383257
4	13873758655	1986/3/28	Male	9	40	226625

图 10-7 存入 SQL Server 数据库表中的数据显示样例

10.2.2 输出到 MySQL 数据库

【案例10-5】输出到MySQL数据库。

本案例继续使用【案例10-2】中的数据，文件名称为Insurance.xlsx。

※ Python实现

保存到MySQL数据库的方法与保存到SQL Server的方法基本相同，只是在进行数据库连接时连接字符串略有不同。代码参考如下：

```
import pandas as pd
# 读入 Excel 数据
df = pd.read_excel("D:/DataAnalysis/Chapter10Data/Insurance.xlsx")
from sqlalchemy import create_engine
import pandas as pd
#dialect: mysql
#driver: pymysql
#username: root
#password: 123
#host: localhost
#database: DataAnalysisBook
# 创建数据库连接
conn = create_engine("mysql+pymysql://root:123@localhost/DataAnalysisBook")
# 输出到数据库
df.to_sql("Insurance", conn, index = False)
# 断开数据库连接
conn.dispose()
```

程序执行结束后到数据库中查看存储结果，部分内容如图10-8所示。

手机号	出生日期	性别	工作年限	周工作时长	年收入
17768522588	1991/1/11	Male	10	40	484326
13870511536	1990/10/15	Male	5	13	383257
13870511536	1990/10/15	Male	5	13	383257
13873758655	1986/3/28	Male	9	40	226625

图 10-8 存入 MySQL 数据库表中的数据显示样例

🖥 10.2.3 输出到 MongoDB 数据库

【案例10-6】输出到MongoDB数据库。

　　　　MongoDB是目前最流行的非关系型数据库之一，是基于分布式文件存储的开源数据库，其内容存储形式为BSON（类似JSON），MongoDB的字段值可以包含文档、数组及文档数组等多种形式，非常灵活。

　　　　本案例继续使用【案例10-2】中的数据。

※ Python实现

与MongoDB数据库进行连接需使用pymongo库，需要在Anaconda中安装pymongo库才可以使用。安装直接使用如下命令：

```
conda install pymongo
```

安装完成后添加import pymongo语句导入库，通过调用pymongo库的MongoClient方法连接MongoDB数据库。具体连接时需要设定服务器名称或IP、端口号这两个参数。其语法格式如下：

```
pymongo.MongoClient( host, port)          # host 为服务器名称或 IP, port 为端口号
```

首先创建MongoDB数据库连接，并连接DataAnalysisBook数据库。代码参考如下：

```
import pymongo
client = pymongo.MongoClient(host='localhost', port=27017)
mydb = client["DataAnalysisBook"]
```

数据库连接成功后通过调用insert_many方法将数据写入数据库。其语法格式如下：

```
insert_many( data )
```

data为写入数据库的数据，其数据类型为字典列表。

如下代码就可以将数据写入DataAnalysisBook数据库中的Insurance数据库表：

```
import json
mydata = mydb["Insurance"]
mydata.collection.insert_many(json.loads(df.T.to_json()).values())
```

10.3　数据输出综合实践

　　至此，已经介绍了如何将数据输出到文件和数据库中。下面通过一个综合案例进一步巩固数据输出的相关知识。

【案例10-7】2010—2019年GDP数据输出。

　　　　本案例使用【案例9-25】中2010—2019年国内GDP数据作为数据源，文件名称为GDP.xlsx。

　　　　打开Spyder新建一个Python文件，命名为Chapter10-example.py，然后按如下步骤完成任务。首先，读入GDP.xlsx中的数据。

```
import pandas as pd
df = pd.read_excel("D:/DataAnalysis/Chapter09Data/GDP.xlsx")
```

将2010—2019年第一产业、第二产业、第三产业增加值存入GDP.csv文件，分隔符设为分号，并去除索引列。代码参考如下：

```
import pandas as pd
df = pd.read_excel("D:/DataAnalysis/Chapter10Data/GDP.xlsx")
import numpy as np
# 获取 2010—2019 年第一产业、第二产业、第三产业增加值数据
df_save = df.iloc[2:5,np.r_[6:]]
# 存入 GDP.csv 文件
df_save.to_csv("D:/DataAnalysis/Chapter10Data/GDP.csv",
            encoding = "utf-8-sig", index = False, sep = ",")
```

GDP.csv文件使用Excel打开后数据如图10-9所示。

	A	B	C	D	E	F
1	指标	2010年	2011年	2012年	2013年	2014年
2	第一产业增加	38430.8	44781.5	49084.6	53028.1	55626.3
3	第二产业增加	191626.5	227035.1	244639.1	261951.6	277282.8
4	第三产业增加	182061.9	216123.6	244856.2	277983.5	310654

图 10-9　输出为 CSV 文件示例

下面将df_save中的数据保存到MySQL数据库，数据库表名为GDP。具体实现代码参考如下：

```
from sqlalchemy import create_engine
#dialect: mysql
#driver: pymysql
#username: root
#password: 123
#host: localhost
#database: DataAnalysisBook
# 创建数据库连接
conn = create_engine("mysql+pymysql://root:123@localhost/DataAnalysisBook")
# 输出到数据库
df_save.to_sql("GDP", conn, index = False)
# 断开数据库连接
conn.dispose()
```

上述代码执行完成后可以去数据库中查看存储的内容，内容如图10-10所示。

指标	2010年	2011年	2012年	2013年	2014年
第一产业增加值	38430.8	44781.5	49084.6	53028.1	55626.3
第二产业增加值	191626.5	227035.1	244639.1	261951.6	277282.8
第三产业增加值	182061.9	216123.6	244856.2	277983.5	310654

图 10-10　存入 MySQL 数据库表中的数据样例

10.4　本章小结

　　本章对数据输出进行了介绍，包括输出到文件和输出到数据库两种方法。Excel在数据输出时只能输出到文件，无法输出到数据库。而Python则更为全面，通过调用相关库方法可实现输出到文件和输出到数据库这两种方式。

数据分析进阶篇

第 11 章 论如何捕到蓝鲸
——使用简单工具实现数据分析进阶

　　荒岛的生存环境艰苦，所有资源都需要掘金者从荒岛上自行挖掘、组合、处理和利用，以便满足个人基本生存需求。前面对掘金者使用自己熟悉的工具完成荒岛资源的利用进行了分步骤对比讲解，每一步都进行了详细指导，基本实现了物尽其用。相信经过这些训练，掘金者已经完全掌握了魔刀使用的技巧和方法，可以开始更进一步的综合训练了。此时的目标将设定为捕到蓝鲸，完成进阶升级。

　　本章将使用阿里天池网站公开的淘宝用户行为数据集，介绍其完整的处理流程，对比使用Excel和Python来完成数据分析任务。本章思维导图如下：

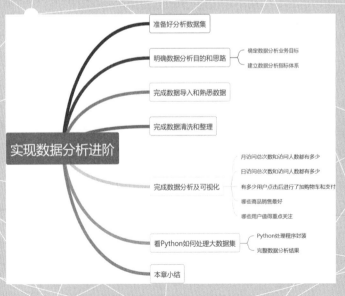

11.1　进阶第一步：准备分析数据集

如今的互联网电商已经完全融入了人们的生活，国内最知名的电商莫过于阿里的淘宝、天猫、京东等。这些电商公司日常拥有大量的数据，包括人、物、场、时间等多个维度。从用户行为角度来看，用户从匿名访问到注册、登录、浏览、点击、下订单、支付结算、物流、点评反馈等的步骤都会被网站或APP完整地记录下来形成用户日志数据。有了这些数据后，电商公司就可以进行用户行为分析、用户画像研究，以及后续的商品智能推荐。

本章将使用阿里天池网站上提供的淘宝用户行为数据集，通过对比使用Excel和Python来完成数据分析任务，带领读者实现数据分析进阶，同时从工具上也能实现从仅会使用Excel过渡到能够熟练使用Python完成任务。

为便于读者理解，在分析案例时使用Jupyter Notebook来完成各步的代码编写和效果即时展示，读者可以从本书代码地址下载Chapter11-1.ipynb文件进行练习。

对于本案例使用的数据集，本书也提供了素材下载。除此之外，读者还可以注册阿里天池网站，登录后进入如下链接地址进行下载：https://tianchi.aliyun.com/dataset/dataDetail?dataId=72423，页面显示如图11-1所示。

天池实验室　〉　数据集　〉　正文

淘宝用户行为

　Tom_ok1　　　🕐 2020-07-13　　　⬇ 354　　　🔖 15

新建Notebook

| 内容 | Notebook | 评论 | 排行榜 |

描述

淘宝用户行为数据

数据列表

数据名称	上传日期	大小	下载
淘宝用户行为.csv	2020-07-13	507.33MB	⬇

图 11-1　淘宝用户行为数据下载页面

根据上述数据集网页介绍，数据集包含2014年11月18日至2014年12月18日这一个月内用户的行为数据，约1226万条，数据文件格式为CSV，数据文件名为"淘宝用户行为.csv"，数据集中有关用户和商品信息都经过了脱敏处理。数据集的每一行表示一条用户行为，由用户ID、物品ID、用户行为（包含点击、收藏、加购物车和支付4种行为）、用户地理信息、物品类别和时间组成，以逗号分隔。由于数据量较大（500MB左右），这里先用Notebook查看前5行数据（见图11-2），对数据各列属性特征加以说明。

用户ID	物品ID	用户行为	用户地理信息	物品类别	时间
user_id	item_id	behavior_type	user_geohash	item_category	time
0	98047837	232431562	1	NaN	4245	2014-12-06 02
1	97726136	383583590	1	NaN	5894	2014-12-09 20
2	98607707	64749712	1	NaN	2883	2014-12-18 11
3	98662432	320593836	1	96nn52n	6562	2014-12-06 10

图 11-2 数据各列属性特征

11.2 进阶第二步：明确数据分析目的和思路

扫一扫，看视频讲解

这类数据的分析属于典型的电商数据分析。由于主要记录的是用户行为数据，用户的点击、收藏、加购物车和支付这4种行为实际上是一个用户从普通浏览者到价值用户的转变过程，这也是电商网站期望用户转化的目标。点击属于普通浏览者行为，为用户熟悉网站商品的过程；收藏说明用户对某商品感兴趣，为了下次快速进入商品信息页面，此时用户已经对网站有一定的忠诚度；加购物车说明用户已经完成了商品的选择；支付则是整个购物流程的最终一步，此时用户已经完成了消费，对于网站来说他已经成为一个价值用户。

11.2.1 确定数据分析业务目标

从电商角度来说，获得利润是其终极目标。分析用户的行为有助于电商了解用户的行为习惯、喜好、商品购买情况，从而达到熟悉用户、优化销售体系、提高利润的目的。

具体来说数据分析的业务范围包括：

（1）分析用户从点击到最终购买这一过程的流失情况，便于进一步提高用户转化率。

（2）研究用户行为的时间模式，了解用户最活跃的日期和时间段。

（3）分析商品销售情况，找出最受用户欢迎的商品，优化产品销售体系。

（4）分析核心付费用户群，根据其购买产品和类目的偏好，向其定制个性化推荐的产品销售方案。

11.2.2 建立数据分析基本指标体系

基于上述的业务范围和目标，可以建立数据分析基本指标体系，构建数据分析的思维导论图，如图11-3所示。

（1）网站流量指标体系分析。

- 日页面访问量（PageView，简称PV）：统计标准为点击1次则累计1次。
- 日访问人数（Unique Visitor，简称UV）：统计标准为每个用户仅统计1次，去除其重复访问次数，也就是共有多少用户访问了页面。
- 日平均访问量（PV/UV）：累计点击次数除以用户数。
- 日跳失率：只有点击行为的用户除以总用户数。

（2）用户行为时间模式分析。包括每日活跃点击量和各时段活跃点击量，分析用户购物高峰时间。

（3）用户行为转化分析。包括统计点击数、收藏数、加购物车数和支付数等，分析用户转化率。

（4）商品销售指标分析。包括统计商品本身的销售数量，如分类排名、累计销售。

（5）用户价值分析。包括统计用户收藏商品次数、用户复购商品次数、复购率，分析用户喜好。

图 11-3　数据分析的思维导论图

11.3　进阶第三步：完成数据导入和熟悉数据

很显然，要完成数据分析任务，首先要对数据非常熟悉。下面对比使用Excel和Python来完成数据的导入和了解数据的大小、维度。

【Step1】导入淘宝用户行为数据

※ Excel导入数据

Excel可以直接打开csv格式的数据集文件，不过为了直接使用PowerQuery模块对数据集进行整理，选择使用【数据】面板的【从文本/CSV】菜单加载数据，如图11-4所示。

图 11-4　选择【数据】面板中的【从文本/CSV】菜单加载数据

选择磁盘上存放的"淘宝用户行为.csv"文件，稍等片刻就出现如图11-5所示的数据预览界面。

在图11-5中直接单击【加载】按钮，就可以开启加载数据集到工作表中的过程。但当Excel加载至800多万行时，Excel就开始提示数据无法全部加载，并在工作表右侧的查询与连接窗口提示"加载到工作表失败"。很显然，Excel单个工作表无法读取和存放这么多行的数据集。

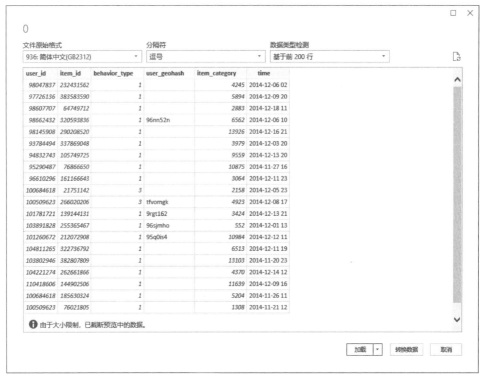

图 11-5 数据预览效果

※ Python导入数据

启动Jupyter Notebook，新建一个Python 3文件，命名为Chapter11-example.ipynb，然后开始编写代码。

由于从天池网站下载的数据属于CSV文件，这里直接使用pandas的read_csv方法就可以快速地将数据集加载到程序中，同时创建DataFrame对象df。

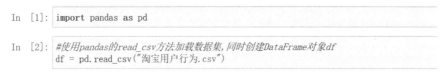

```
In [1]: import pandas as pd
```

```
In [2]: #使用pandas的read_csv方法加载数据集,同时创建DataFrame对象df
        df = pd.read_csv("淘宝用户行为.csv")
```

Python导入该数据集所需时间不超过10秒，相当高效。

【Step2】查看部分原始数据，获得数据集记录行数和属性列数

※ Excel查看数据

在Excel导入数据后就可以直接预览数据，如图11-5所示。

※ Python查看数据

在Notebook中增加代码单元块，使用df对象的shape属性和head方法来了解数据结构信息和前5行数据。代码参考如下：

```
In [3]:  df.shape          #调用df的shape属性获得数据记录行数和属性列数

Out[3]:  (12256906, 6)
```

```
In [4]:  df.head()         #调用df的head方法查看前5行数据记录

Out[4]:
```

	user_id	item_id	behavior_type	user_geohash	item_category	time
0	98047837	232431562	1	NaN	4245	2014-12-06 02
1	97726136	383583590	1	NaN	5894	2014-12-09 20
2	98607707	64749712	1	NaN	2883	2014-12-18 11
3	98662432	320593836	1	96nn52n	6562	2014-12-06 10
4	98145908	290208520	1	NaN	13926	2014-12-16 21

如上Out[3]输出结果显示数据集一共有12256906行记录，属性共有6列，具体的属性信息包括：user_id（用户ID）、item_id（物品ID）、behavior_type（用户行为）、user_geohash（用户地理信息）、item_category（物品类别）、time（时间）。

【Step3】截取原始数据集前100万行记录作为分析数据集

对比Excel，Python在加载这么多行记录时轻松自如，速度也比Excel快很多。因此两者在数据规模的适应性上，Python明显强于Excel。不过为了对比两者在完整数据分析项目中的使用方法和效果，将缩小数据规模，即截取整个数据集的前100万行记录作为本次分析的原始数据集。由于给定的原始数据集并不是按一定顺序排列的，而是随机打乱的，因此截取的前100万行数据也是非常有意义的，只不过由于样本数量有限，对于数据分析指标的完整性解释就显得略有不足。

截取数据集的工作只能交给Python编程来实现，两行代码即可完成任务。创建一个命名为df100的DataFrame对象。代码参考如下：

```
In [5]:  df100 = df[:1000000]     #截取原始数据集前100万行，返回新的df100对象
```

```
In [6]:  df100.to_csv('淘宝用户行为前100万行.csv', index=0)  #导出csv格式数据到磁盘，不保留行标签
```

上述代码执行完成后，就将原始数据集进行了截取并导出到本地磁盘上。接下来重复上述【Step1】中Excel加载数据的操作步骤，将新的数据集导入到Excel中，如图11-6所示。

	A	B	C	D	E	F
1	user_id	item_id	behavior_type	user_geohash	item_category	time
2	98047837	232431562	1		4245	2014-12-06 02
3	97726136	383583590	1		5894	2014-12-09 20
4	98607707	64749712	1		2883	2014-12-18 11
5	98662432	320593836	1	96nn52n	6562	2014-12-06 10
6	98145908	290208520	1		13926	2014-12-16 21
7	93784494	337869048	1		3979	2014-12-03 20
8	94832743	105749725	1		9559	2014-12-13 20
9	95290487	76866650	1		10875	2014-11-27 16
10	96610296	161166643	1		3064	2014-12-11 23
11	100684618	21751142	3		2158	2014-12-05 23
12	100509623	266020206	3	tfvomgk	4923	2014-12-08 17
13	101781721	139144131	1	9rgt162	3424	2014-12-13 21
14	103891828	255365467	1	96sjmho	552	2014-12-01 13
15	101260672	212072908	1	95q0is4	10984	2014-12-12 11

图 11-6　Excel工作表显示新的数据集

11.4　进阶第四步：完成数据清洗和整理

【Step4】查看各属性列数据类型、检测空值

※ Excel实现

在Excel中采用Power Query模块加载CSV数据时，在预览窗口单击【转换数据】按钮就直接进入了Power Query窗口（见图11-7）。此时系统会自动转换并识别各列数据类型，而空值处则没有数值填充，非常容易发现。

图 11-7　Power Query 数据类型识别

在Power Query窗口中自动将user_id、item_id、behavior_type、item_category等4列属性数据识别为整型（类型为Int64），将user_geohash和time识别为文本类型（text）。

※ Python实现

继续在【Step3】的Notebook文件处往下进行。此时使用df100对象的info方法，就可以了解各列数据类型，以及是否有空值出现。代码参考如下：

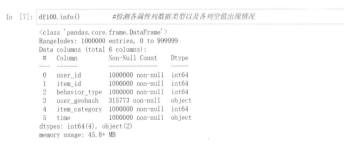

检测结果显示，数据类型与Excel识别的基本一致，user_geohash和time属性列为字符串类型。另外统计出user_geohash列非空值为315773行，由于总记录行数为100万，也就是说在user_geohash列仅有约31.6%的行有数据，其余的都是空值。

【Step5】完成数据整理

基于前述业务分析需求，现有的属性列中user-geohash列与分析指标关系不大，而且空值较多可以直接删除。而time列则需要做拆分处理，将time列拆分成日期列和小时列。同时为便于理解用户行为，将behavior_type列中的数字替换成中文，即1为点击，2为收藏，3为加购物车，4为支付。

※ Excel实现

对于user-geohash列可以选中该列直接删除。对于time列选择Power Query窗口中的【拆分列】菜单进行拆分，如图11-8所示。

图11-8　选择拆分列对time列进行拆分

在弹出的【按分隔符拆分】窗口中选择空格分隔符，将time列拆分为两列，重命名后效果如图11-9所示。

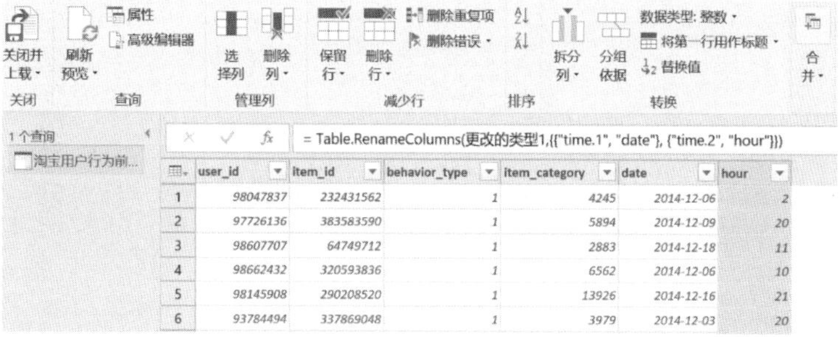

图11-9　time列拆分效果

拆分完成后单击【关闭并上载】菜单项就将最终拆分完的数据加载到Excel工作表中，如图11-10所示。

图11-10　time列拆分数据部分显示效果

最后在工作表中选择behavior_type列，使用Excel中的查找替换功能，将1替换为点击，2替换为收藏，3替换为加购物车，4替换为支付。最终整理的数据如图11-11所示。

	A	B	C	D	E	F
1	user_id	item_id	behavior_type	item_category	date	hour
2	98047837	232431562	点击	4245	2014-12-6	2
3	97726136	383583590	点击	5894	2014-12-9	20
4	98607707	64749712	点击	2883	2014-12-18	11
5	98662432	320593836	点击	6562	2014-12-6	10
6	98145908	290208520	点击	13926	2014-12-16	21
7	93784494	337869048	点击	3979	2014-12-3	20
8	94832743	105749725	点击	9559	2014-12-13	20
9	95290487	76866650	点击	10875	2014-11-27	16
10	96610296	161166643	点击	3064	2014-12-11	23
11	100684618	21751142	加购物车	2158	2014-12-5	23
12	100509623	266020206	加购物车	4923	2014-12-8	17

图 11-11　整理完成数据部分显示效果

※ Python实现

删除user_geohash列使用df100对象的drop方法，而对time列的拆分则需先将time列采用split方法分隔为date列和hour列，然后再将分隔后的date列和hour列追加到df100对象中，获得新的命名为df的DataFrame数据对象，完成数据整理。代码参考如下：

```
In [8]: df100.drop('user_geohash',axis=1,inplace=True)    #删除user_geohash列数据
```

删除user_geohash属性列后，开始对time列进行拆分以及行为属性列值替换。代码参考如下：

```
In [9]: #拆分time列为两列，同时合并到原有df对象中形成新的df实例
        df = pd.merge(df100,df100.time.str.split(" ",expand=True),how='left',
                left_index=True,right_index=True)
        df.rename(columns={0:'date',1:'hour'},inplace=True)    #重命名0列和1列属性名称
        df.drop('time',axis=1,inplace=True)    #删除原来的time列，完成数据拆分
```

```
In [10]: df.head()    #查看time列处理完成 前5行的数据
```

Out[10]:

	user_id	item_id	behavior_type	item_category	date	hour
0	98047837	232431562	1	4245	2014-12-06	02
1	97726136	383583590	1	5894	2014-12-09	20
2	98607707	64749712	1	2883	2014-12-18	11
3	98662432	320593836	1	6562	2014-12-06	10
4	98145908	290208520	1	13926	2014-12-16	21

```
In [11]: #将behavior_type列数值替换为对应文本
         df['behavior_type'].replace({1:'点击',2:'收藏',3:'加购物车',4:'支付'},inplace=True)
```

```
In [12]: df.head()    #查看整理完成的 前5行数据
```

Out[12]:

	user_id	item_id	behavior_type	item_category	date	hour
0	98047837	232431562	点击	4245	2014-12-06	02
1	97726136	383583590	点击	5894	2014-12-09	20
2	98607707	64749712	点击	2883	2014-12-18	11
3	98662432	320593836	点击	6562	2014-12-06	10
4	98145908	290208520	点击	13926	2014-12-16	21

11.5　进阶第五步：完成数据分析及可视化

完成数据清洗和整理后，就可以根据前面制定的业务指标体系开展数据分析了。

11.5.1　数据分析——日访问总次数和访问人数都有多少

【Step6】网站流量指标体系分析

统计分析网站日页面访问量（PV）、日访问人数（UV）、日平均访问量（PV/UV）及跳失率。由于本数据的时间周期为一个月，如果以月为单位统计，那么PV总数就是100万，对于总访问人数UV还需要对user_id列进行去重复值操作。如果将统计周期缩小为每日，则需要依据date列属性值进行分组统计以获得每日的PV和UV，然后计算PV/UV。

※ Excel实现

由于统计过程需要去重复值，因此可以先在Excel工作表中选中所有数据，然后单击【Power Pivot】窗口中的【添加到数据模型】，然后直接选择【数据透视表】，开始进行汇总统计，如图11-12所示。

图 11-12　在 Power Pivot 建模窗口创建数据模型

在图11-12中选择【数据透视表】，就可以开始数据分组透视分析。由于要统计的是日PV和UV，因此在透视表字段里选择行标签为date列，汇总字段选择user_id。在UV统计时，由于是非重复计数，因此在汇总user_id字段值选择非重复计数。这样就可以获取到PV和UV统计值，并且可以直接绘制成图，如图11-13所示。

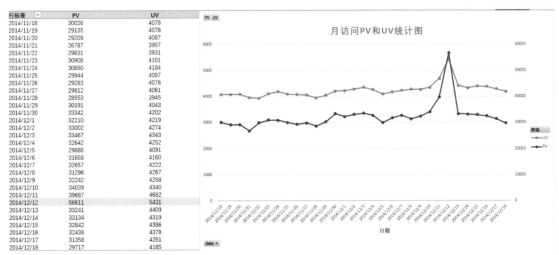

图 11-13　Excel 分析网站流量指标 PV 和 UV 的统计分布图

※ Python实现

在Python中使用df对象的groupby方法以date为依据进行分组统计，计数的方法为count；在计算UV时需要对user_id进行去重复值计算，可以直接使用lambda函数完成处理。最终获得每日的PV和UV统计数据。

先统计每日PV，代码参考如下：

In　[13]:
```
#调用df的groupby方法对user_id列进行计数，获得日点击数
pv_daily = df.groupby('date')['user_id'].count()
#对生成的点击数统计结果加上行索引，将user_id列标签重名为PV
pv_daily = pv_daily.reset_index().rename(columns={'user_id':'PV'})
```

In　[14]:　`pv_daily.head()`　#查看日PV统计结果前5行

Out[14]:

	date	PV
0	2014-11-18	30026
1	2014-11-19	29135
2	2014-11-20	29209
3	2014-11-21	26787
4	2014-11-22	29831

然后再统计UV及计算PV/UV的值，代码参考如下：

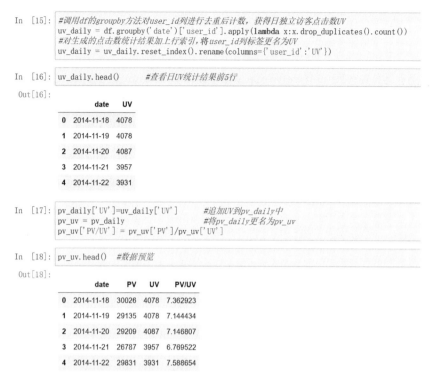

下面编写代码对PV、UV数据进行可视化，如图11-14和图11-15所示。

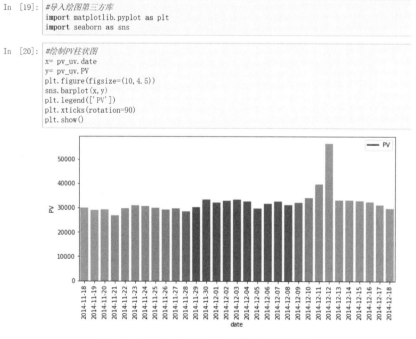

图 11-14　Python 实现 PV 数据分布柱状图

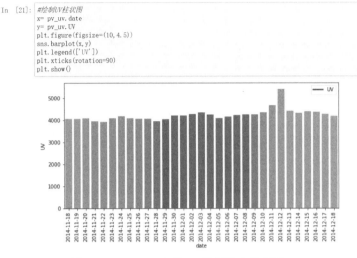

图 11-15 Python 实现 UV 数据分布柱状图

Excel和Python分析的结果完全一致。从PV和UV的变化情况来看，在11月18日到12月18日这一个月时间内，用户访问量在12月12日有突然增多的现象，其他时间都相对平稳，每天的PV总数在30000左右，UV总数在4000左右。12月12日即"双十二"，属于电商促销日，因此PV总数一下子超过50000，UV也超过了5000，说明促销活动会给电商平台带来更多的流量。

11.5.2 数据分析——每日活跃点击量和各时段活跃点击量都有多少

扫一扫,看视频讲解

【Step7】用户行为时间模式分析

将时间尺度缩小为时，可以分析每天各个时间段内的PV和UV。

※ Excel实现

与统计日PV和UV方法一致，在选择透视表字段时选择行标签为hour属性列，汇总字段依然选择user_id。注意UV统计时需使用非重复计数。最终得到PV和UV按小时变化的数据量，以及两者的分布图形，如图11-16所示。

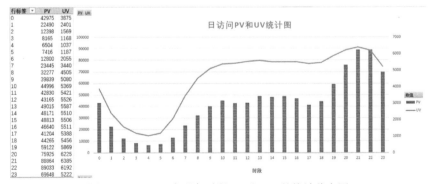

图 11-16 Excel 实现各时段 PV 和 UV 的统计分布图

※ Python实现

将计算日活跃PV和UV时的代码的分组属性列修改为hour，就可以计算出每时的PV和UV。代码如下：

```
In [22]:  #调用df的groupby方法对user_id列进行计数，获得每时点击数
          pv_hourly = df.groupby('hour')['user_id'].count()
          #对生成的点击数统计结果加上行索引，将统计user_id列标签更名为PV
          pv_hourly = pv_hourly.reset_index().rename(columns={'user_id':'PV'})
          #调用df的groupby方法对user_id列进行计数，获得每时点击数
          uv_hourly = df.groupby('hour')['user_id'].apply(lambda x:x.drop_duplicates().count())
          #对生成的点击数统计结果加上行索引，将统计user_id列标签更名为PV
          uv_hourly = uv_hourly.reset_index().rename(columns={'user_id':'UV'})
          # 将时UV追加到时PV中
          pv_hourly['UV']=uv_hourly['UV']
          # 将时UV更名为pv_uv_hourly
          pv_uv_hourly = pv_hourly
```

然后通过编写代码来绘制各时段的PV和UV变化图，如图11-17和图11-18所示。

```
In [23]:  #绘制每时PV柱状图
          x= pv_uv_hourly.hour
          y= pv_uv_hourly.PV
          plt.figure(figsize=(10,4))
          sns.barplot(x,y)
          plt.legend(['PV'])
          plt.xticks(rotation=90)
          plt.show()
```

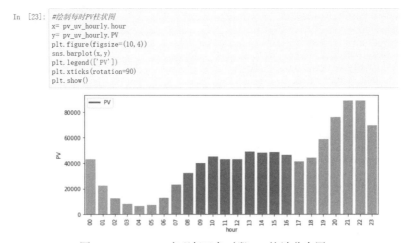

图 11-17　Python 实现每日各时段 PV 统计分布图

```
In [24]:  #绘制每时UV柱状图
          x= pv_uv_hourly.hour
          y= pv_uv_hourly.UV
          plt.figure(figsize=(10,4))
          sns.barplot(x,y)
          plt.legend(['UV'])
          plt.xticks(rotation=90)
          plt.show()
```

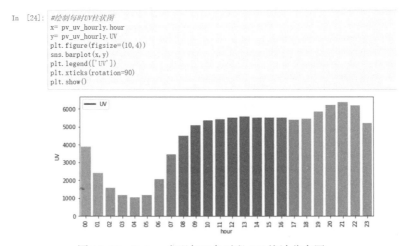

图 11-18　Python 实现每日各时段 UV 统计分布图

Excel与Python的分析结果完全一致。从每时的PV变化情况来看，每日的7点之前用户访问量都较少，之后逐渐增多，9点到17点属于上班期间，访问量相对平稳。下班后的19点到22点是一天内的高峰访问时段，22点后访问量逐渐减小。这个变化趋势与用户的生活、工作节奏是完全匹配的。

上述的PV和UV统计的都是用户的点击事件，点击一次就认为访问一次。而在用户行为中还包括收藏、加购物车和支付，接下来对这几类用户行为的PV进行统计分析。

```
In [25]: #调用df的groupby方法，使用时间和用户类型为分组标准，对用户user_id进行统计分析
         pv_action_hourly = df.groupby(['hour','behavior_type'])['user_id'].count()
         #对生成的点击数统计结果加上行索引，将统计user_id列标签更名为PV
         pv_action_hourly = pv_action_hourly.reset_index().rename(columns={'user_id':'PV'})
         #调用df的groupby方法，使用时间和用户类型为分组标准，对去重后的user_id进行统计分析
         uv_action_hourly = df.groupby(['hour','behavior_type'])['user_id'].
                     apply(lambda x:x.drop_duplicates().count())
         #对生成的点击数统计结果加上行索引，将统计user_id列标签更名为PV
         uv_action_hourly = uv_action_hourly.reset_index().rename(columns={'user_id':'UV'})
         # 将时UV追加到时PV中
         pv_action_hourly['UV']=uv_action_hourly['UV']
         # 将时UV更名为pv_uv_action_hourly
         pv_uv_action_hourly = pv_action_hourly
```

```
In [26]: pv_uv_action_hourly.head()
```

Out[26]:

	hour	behavior_type	PV	UV
0	00	加购物车	1151	685
1	00	支付	429	331
2	00	收藏	924	507
3	00	点击	40471	3821
4	01	加购物车	526	345

点击行为前面已经分析过了，下面对其他三种行为进行数据可视化，如图11-19所示。

```
In [27]: plt.rcParams['font.sans-serif'] = ['SimHei']     #设置中文显示参数
         fig,axes=plt.subplots(2,1,sharex=True)             # 调用matplotlib库绘制图形
         #调用seaborn的散点图绘制方法，设置x和y轴数据，绘制除去点击行为的PV分布图
         sns.pointplot(x='hour',y='PV',hue='behavior_type',
                     data=pv_uv_action_hourly[pv_uv_action_hourly.behavior_type!='点击'],ax=axes[0])
         #调用seaborn的散点图绘制方法，设置x和y轴数据，绘制除去点击行为的UV分布图
         sns.pointplot(x='hour',y='UV',hue='behavior_type',
                     data=pv_uv_action_hourly[pv_uv_action_hourly.behavior_type!='点击'],ax=axes[1])
         axes[0].set_title('用户不同行为类型随时间变化趋势')
```

Out[27]: Text(0.5, 1.0, '用户不同行为类型随时间变化趋势')

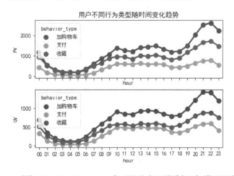

图 11-19　Python 实现用户不同行为类型随时间变化趋势图

从图11-19中可以看到，用户加购物车、支付和收藏这三种行为随时间变化的趋势是一致的，

用户行为高峰时段都发生在21点到22点。除此之外，加入购物车行为的PV和UV相对收藏行为的值要高，这也反映了用户购物喜欢更为快捷的习惯，或者说由于淘宝本身具有很强的用户黏性，用户一般点击后就直接加购物车。

11.5.3　数据分析——有多少用户点击后加购物车和支付

用户从点击商品到最后支付是用户行为的转化过程，也是商家期望产生的效果，因为只有用户购买商品，商家才有利润可逐。

【Step8】用户行为转化分析

以behavior_type为依据，统计4种行为出现的次数，代码参考如下：

```
In [28]: click_sum=df[df['behavior_type']=="点击"].count()      #计算点击数
         collect_sum=df[df['behavior_type']=="收藏"].count()    #计算收藏数
         cart_sum=df[df['behavior_type']=="加购物车"].count()    #计算加购物车次数
         pay_sum=df[df['behavior_type']=="支付"].count()        #计算支付次数

In [29]: # 以user_id属性列为索引，查看各种用户行为的统计次数
         click_sum['user_id'],collect_sum['user_id'],cart_sum['user_id'],pay_sum['user_id']
Out[29]: (942230, 20042, 27977, 9751)
```

然后计算点击行为到加购物车行为、支付行为的转化率，代码参考如下：

```
In [30]: cart_sum['user_id']/click_sum['user_id']    #计算从点击到加购物车的转化率
Out[30]: 0.029692325652972203

In [31]: pay_sum['user_id']/click_sum['user_id']    #计算从点击到支付的转化率
Out[31]: 0.010348853252390605
```

从统计结果可以看出，用户支付行为的次数占比为1.035%，加购物车的行为次数占比为2.969%，也就是100个人点击商品详情页，其中有3个人将商品添加进了购物车，只有1个人进行了实际支付。可以采用Excel中的漏斗图来显示转化趋势，如图11-20所示。

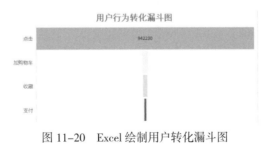

图11-20　Excel绘制用户转化漏斗图

```
In [32]: pay_sum['user_id']/cart_sum['user_id']    #计算加购物车到支付的转化率
Out[32]: 0.34853629767308864

In [33]: pay_sum['user_id']/collect_sum['user_id']    #计算收藏到支付的转化率
Out[33]: 0.4865282905897615
```

加购物车到支付的转化率接近35%，说明有不少用户流失；而收藏到支付的转化率达到48.65%。收藏行为一般是便于用户下次直接购买，从结果来看用户收藏后的复购率接近一半。

11.5.4　数据分析——哪些商品销售最好

商品的销售是电商平台最核心的业务。商品销售量越大，商家利润会越多。分析哪些商品销售得最好，哪些商品最容易得到用户的青睐，有助于商家对产品销售体系进行优化。

【Step9】绘制商品销量排名前 10 的图表

※ Excel实现

这里继续进行数据透视分析。选择过滤标签为behavoir_type列，筛选仅显示behavoir_type值为4的数据，然后选择行标签为item_id，汇总统计为非重复计数，这样可以得到商品的销量排名数据。不过受数据集属性价格和实际支付金额缺失影响，这里无法评估销售收入。然后将透视表数据复制到另外一个工作表，按照购买次数进行降序排列，获得如图11-21所示的结果。

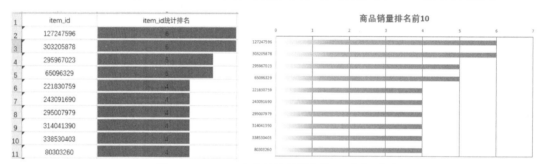

图 11-21　Excel 中商品销量排名前 10 的条形图

※ Python实现

对item_id列进行统计分析，提取与behavoir_type列相关的商品id，可以得到各类行为产生时关联商品的排名。例如，考虑行为类型为支付时，可以分析支付商品的出现次数，排序后获得销量排行榜。

```
In [34]:  #销量最多的商品前10名
          item_pay_top10 = df[df['behavior_type']=="支付"]['item_id'].value_counts()[:10]

In [35]:  item_pay_top10    #查看销量前10 item_id

Out[35]:  127247596    6
          303205878    6
          65096329     5
          295967023    5
          80303260     4
          221830759    4
          295007979    4
          243091690    4
          338530403    4
          314041390    4
          Name: item_id, dtype: int64
```

然后使用Matplotlib库绘制条形图，显示效果如图11-22所示。

```
In [36]:  ax=plt.gca()
          y=item_pay_top10.index.map(str)    #给出在y轴上的位置
          x=item_pay_top10.values             #给出具体每个条形图的数值
          ax.barh(y, x, color='#f90')         #绘制水平条形图
          ax.invert_yaxis()                   #y轴逆序
          plt.show()                          #显示图像
```

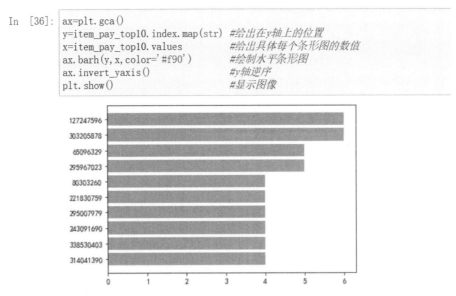

图 11-22　Python 中商品销量前 10 的条形图

两种工具分析结论一致，销量排名前10的商品的购买次数最多只有6次，其次只有4次。出现这种结果的影响因素之一是所采用的100万数据集样本太少。

【Step10】绘制商品种类中销量排名前 10 的图表

※ Excel实现

与上述商品销量统计分析步骤一样，选择过滤标签为behavoir_type列，筛选仅显示behavoir_type值为4的数据，然后选择行标签为item_category，汇总统计为非重复计数，这样，可以得到商品种类销量排名数据，如图11-23所示。

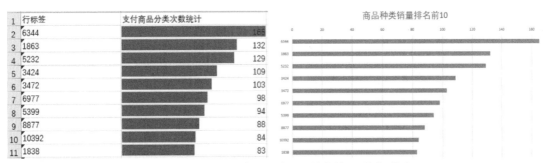

图 11-23　Excel 中商品种类销量排名前 10 的条形图

※ Python实现

此时对item_category列进行统计分析，提取与behavoir_type列相关的商品种类，可以得到各类行为产生时关联商品种类的排名。当筛选行为类型为支付时，可以得到商品种类的出现次数，

排序后获得商品种类销量排行榜，如图11-24所示。

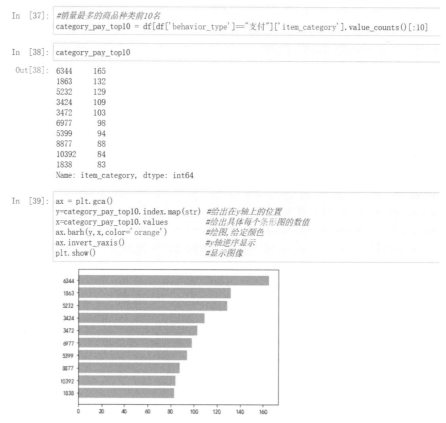

```
In [37]:   #销量最多的商品种类前10名
           category_pay_top10 = df[df['behavior_type']=="支付"]['item_category'].value_counts()[:10]

In [38]:   category_pay_top10

Out[38]:   6344     165
           1863     132
           5232     129
           3424     109
           3472     103
           6977      98
           5399      94
           8877      88
           10392     84
           1838      83
           Name: item_category, dtype: int64

In [39]:   ax = plt.gca()
           y=category_pay_top10.index.map(str)   #给出在y轴上的位置
           x=category_pay_top10.values           #给出具体每个条形图的数值
           ax.barh(y, x, color='orange')         #绘图，给定颜色
           ax.invert_yaxis()                     #y轴逆序显示
           plt.show()                            #显示图像
```

图 11-24　Python 中商品种类销量排名前 10 的条形图

从商品种类销售情况来看，分类ID为6344的种类销量最多，销售次数达到了165次，榜单中前5名都在100次以上。

11.5.5　数据分析——哪些用户值得重点关注

【Step11】绘制购买次数排名前 10 的用户的图表

顾客是上帝，在电商平台上用户也是上帝。只要能注册登录网站平台，就有可能从浏览用户转化为付费用户。很显然，付费用户是电商平台需要更加关注的用户群体，平台可以通过相应的促销手段、推荐方法来吸引付费用户再次购买，进而使付费用户变成高价值用户。下面利用数据集开展用户价值分析。

※ Excel实现

在Excel中继续透视分析。选择过滤标签为behavoir_type列，筛选仅显示behavoir_type值为4的数据，然后选择行标签为user_id，汇总统计为非重复计数，这样可以得到用户购买次数排名数据，如图11-25所示。

222

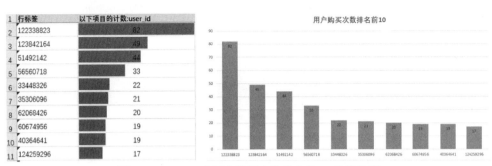

图 11-25 Excel 中用户购买次数排名前 10 的柱状图

※ Python实现

基本思路是寻找付费用户中支付次数累计最多的用户。支付次数越多，表明复购意愿越强烈，同时也会产生更多的付费。但因为数据集中没有付费金额特征，所以无法描述用户本身的购买力，如图11-26所示。

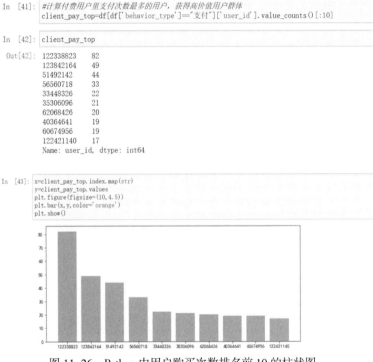

图 11-26 Python 中用户购买次数排名前 10 的柱状图

从分析结果来看，用户ID为122338823的购买次数最多，共计82次，榜单前10的用户购买次数都达到了15次以上。

【Step12】分析高价值用户的商品偏好

高价值用户是电商平台最忠实的用户，既具有一定的购买力，复购次数也是较多的。对于这部分用户可以根据其所购买的商品，分析其偏好并开展用户画像研究，进而根据客户的购买习惯推送更多类似的商品供选择。

```
In [44]:   #查看高价值用户最喜欢购买的商品
           client_top = client_pay_top.index      #前10名高价值用户
           #查看第一名购买商品列表
           df[(df.behavior_type=="支付")&(df.user_id==client_pay_top.index[0])]['item_id'].value_counts()

Out[44]:   175515451    2
           2044105      2
           14466198     2
           399745632    2
           179495935    1
                        ..
           307925979    1
           126840953    1
           243189855    1
           298820985    1
           268654592    1
           Name: item_id, Length: 78, dtype: int64
```

```
In [45]:   # 查看前10名高价值用户最喜欢购买的商品
           client_top = client_pay_top.index      #前10名高价值用户id
           # 查看前10名用户的商品购买列表
           top10_client=[]
           for i in range(len(client_top)):
               top10_client.append(df[(df.behavior_type=="支付")&(df.user_id==client_pay_top.index[i])]['item_id']
                                   .value_counts().index[:10].values)
           df10 = pd.DataFrame(data=top10_client)
           df10.columns=client_pay_top.index
```

这里仅分析了榜单Top1的商品购买信息。结果显示第1名用户购买了2次的商品ID为175515451、2044105、14466198、399745632，说明该用户对这4款商品的需求相对其他款是较多的。平台就可以根据这些信息来推荐与这4款商品类似的商品给他，既能促进类似商品的销售，也能满足用户的选择需求。

如果想分析榜单前10的用户每位最喜欢购买的商品，可以将每个用户ID购买次数最多的商品ID重新组织成DataFrame对象。代码参考如下：

```
In [45]:   # 查看前10名高价值用户最喜欢购买的商品
           client_top = client_pay_top.index      #前10名高价值用户id
           # 查看前10名用户的商品购买列表
           top10_client=[]
           for i in range(len(client_top)):
               top10_client.append(df[(df.behavior_type=="支付")&(df.user_id==client_pay_top.index[i])]['item_id']
                                   .value_counts().index[:10].values)
           df10 = pd.DataFrame(data=top10_client)
           df10.columns=client_pay_top.index
```

```
In [46]:   df10
```

Out[46]:

	122338823	123842164	51492142	56560718	33448326	35306096	62068426	40364641	60674956	122421140
0	175515451	2044105	14466198	399745632	179495935	3497679	387857378	188878267	291447708	388180373
1	157215261	228578664	100034705	76101299	323205418	297650204	90923609	305623947	151223032	273624981
2	395165120	62513359	64614836	403173892	88964633	349235808	124478278	120918811	44976218	159632153
3	284052287	352056610	297573378	350171525	7779526	125206409	400263882	321184651	259671372	246239501
4	23065197	353728319	183652492	305566957	117527788	255232580	335259334	234859015	381747656	348060680
5	161142525	188015535	59398755	99459267	104604294	342381881	388959376	233890763	116995545	72841870
6	289269216	314421916	186833836	128335684	305326631	161052200	150130377	391246251	194778796	55684980
7	136015193	9931631	115007889	353849062	360615527	57952905	114648507	32842571	297264044	95000785
8	166395216	129557204	226037517	42694618	110734713	332119896	245132375	178068853	303872592	144136590
9	387465501	237316596	155320905	227847818	382404235	352401676	336630028	344989008	206621363	315415227

从这10位用户购买的商品ID分布来看，每个用户喜欢的商品都不一样，喜好都有差别，因此后续进行用户画像分析时就会出现千人千面的结果。

11.6 进阶：看 Python 如何处理大数据集

前面对淘宝App用户行为数据集的前100万行数据进行了整理和分析，而完整数据集则有1200多万行。Excel已经无能为力，下面使用Python来完成完整数据集的处理和分析，从而显示Python在数据科学分析方面的优势。

扫一扫，看视频讲解

11.6.1 Python 处理程序封装

虽然数据集变大了，但由于确定了清晰而正确的分析思路和指标体系，在对100万行数据集进行分析时编写的Python程序已经被检验完全合格。也就是说，已经完成了一个数据分析方法的封装，此时的变量就是数据集。现在只需要将程序代码中的第5和第6单元块（11.3小节中的Step3：截取前100万行数据）代码删除，其余的代码不用改动，就可以完成数据整理、数据分析、可视化各个步骤的任务。

为了与前面小数据集有所区分，将Notebook文件另存为taobao_full_data.ipynb，并将截取数据集的代码块删除，将第8和第9单元块的DataFrame对象修改为df。代码显示如下：

依据上述方案修改后，就完成了分析完整数据集的Python程序代码的编写。此时直接选择菜单中的【Kernel】里的【Restart & Run All】命令，就可以开启完整数据集的处理和分析任务。

11.6.2 完整数据分析结果

首先来看流量分析指标，也就是 PV 和 UV 分析结果。在完整数据集 1200 多万记录中，每天的 PV 可以达到 36 万左右，UV 在 6500 左右，而在双十二促销活动当天，PV 猛增到接近 70 万，UV 达到 7800 左右。这份数据足以说明淘宝当时的电商平台地位。把尺度缩小到每天内的时段时，每天的 20 点到 22 点 PV 和 UV 都达到高峰，而 UV 在每天的 10 点到 18 点变化很平稳，反映出活跃用户数一直较为平稳，如图 11-27 和图 11-28 所示。

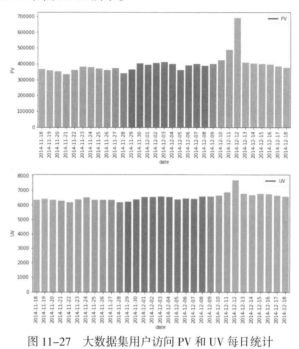

图 11-27 大数据集用户访问 PV 和 UV 每日统计

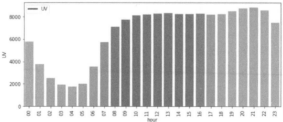

图 11-28 大数据集用户访问 PV 和 UV 每时统计

对比用户的行为类型时，加购物车、收藏和支付变化趋势都是相对一致的，每天的支付高峰也在20点到22点（见图11-29），说明这个时间段用户购买欲望相对强烈。对于商家而言，可以多在该时段做些促销活动便于进一步提升销量。

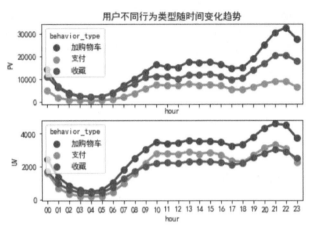

图11-29　用户不同行为类型随时间变化趋势图

在用户行为转化率方面，统计到的日点击次数为11550581次，而加购物车次数为343564次，转化率为2.97%；支付次数为120505次，点击到支付的转化率为1.04%，加购物车到支付的转化率为34.98%。每天收藏次数为242556次，收藏到支付的转化率为49.56%。

在商品销售方面，销量最多的前10名商品被购买次数均在10次以上，被购买次数最多的商品ID为303205878，达到50次。销量最多的商品种类ID号为6344，购买次数达到2208次，前10名的购买次数都在1000次以上，如图11-30所示。

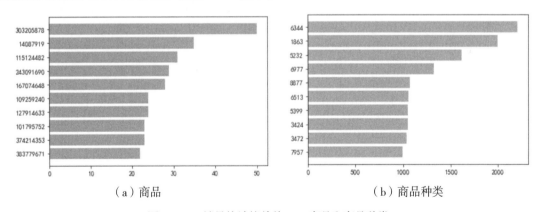

（a）商品　　　　　　　　　　　（b）商品种类

图11-30　销量统计榜单前10：商品和商品种类

在用户群体价值分析方面，购买次数最多的用户中前10名都达到了150次以上，其中第1名用户ID为122338823，其购买次数达到了809次。而他购买的商品中前5位的商品ID分别是160245518、131598234、395102796、332514341、34190794，如图11-31所示。

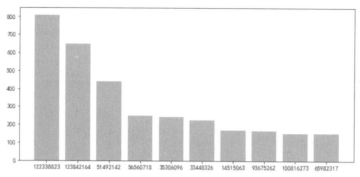

图 11-31　榜单前 10 的用户 ID 及购买次数分布

如果分析榜单前10都喜欢的商品，其结果如下：

	122338823	123842164	51492142	56560718	35306096	33448326	14515063	93675262	100816273	65982317
0	160245518	131598234	395102796	332514341	34190794	175515451	180737404	276598011	2044105	53010606
1	188241513	109259240	305229489	305623947	217442256	100034705	400034362	276670328	339231651	127856381
2	26492860	246700861	395165120	254455345	151181175	64614836	228153560	14750488	400034362	334976543
3	396806761	227220837	178998359	386350096	84727183	12057212	7975643	307119400	59016034	285258933
4	281010457	116995545	321416057	386349926	393664599	220414771	198585222	171915195	248570671	233890763
5	162739245	166400615	279336604	29832219	317096624	348060680	23065197	255232580	73395042	335259334
6	125040457	403789093	236986369	70766921	355923990	395807564	155622782	34859662	77668759	19288347
7	158083270	4788935	166454513	127305314	362032099	120721849	367689581	87402918	76521360	263717986
8	93663735	118889374	260950623	298564848	33359090	16060308	105891513	74550080	7284543	191376195
9	348536111	36330	296592802	271334628	128039839	357705862	135833405	117935429	273287578	237372569

11.7　本章小结

　　本章中使用了淘宝的数据集，时间是从 11 月 18 日到 12 月 18 日，跨度为一个月。从前面各步分析结果来看，淘宝的PV和UV都是相对较高的，用户黏性强，这与淘宝的电商巨头地位是匹配的。不过因为数据集大小的限制，分析结果无法完全呈现淘宝在当月实际的营销情况。例如，用户行为的转化值相对较低，在商品销售方面，某些商品被购买次数也相对较少。

　　本章对比使用Excel和Python两种工具对淘宝用户行为数据集的前100万行数据进行了分析。在建立了正确而清晰的分析思路和指标体系后，使用两种工具都得到了一致的结果。Excel工具中使用了大量数据透视表和图进行报表结果的呈现；Python则基于Pandas库高效的分组统计、筛选等函数及Matplotlib库来绘制分析结果。当数据量较小时，分析效率方面两者不分伯仲，读者熟悉了Python编程及相关库的用法后，也能很快地根据具体问题来开展数据分析。不过Excel的不足也很明显，那就是对于大数据集无能为力，而这正是Python的强项。

第 12 章　论如何自动把庇护所升级为城堡
——Python 自动化报表进阶

掘金者在数据分析这座荒岛上已经度过了最艰难的时光，数据、工具都已不再缺乏。一柄魔刀Python在手，然后考虑引入AI智能化因素将庇护所升级为城堡，掘金者将一跃成为荒岛岛主。技能的提升、自动化AI的引入，将成为掘金者在荒岛上开辟出快乐的天地的重要依据，荒岛也将成为智慧岛。

本章将重点介绍Python自动化报表方面的应用进阶，内容包括通过Python读写Excel实现报表自动生成、Python将分析结果自动以邮件方式发送、Python创建数据分析结果PowerPoint演示报告等。思维导图如下：

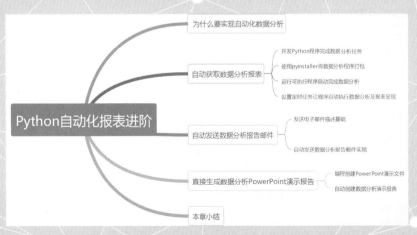

12.1 为什么要实现自动化数据分析

扫一扫,看视频讲解

对于熟练应用Excel进行办公数据、财务数据、营业数据等汇总报表任务的人来说,Excel已经完全胜任数据分析工作,但由于总需要在固定时间处理同样类型的Excel表格,如每天、每周、每月等。如果能够有个统计分析程序,只需要单击按钮,就可以自动将统计报表和结果生成,岂不很便捷。

在学习了Python编程后,使用Python很容易就可以开发一个这样的程序。以后遇到同样类型的Excel表格数据,只需要运行一下程序,整个按时间周期统计的报表就可以自动生成,而且更智能的是,如果设置一个定时任务,程序就可以自动在固定时间点直接生成相应报表输出。

12.2 升级第一步: 使用 Python 编程自动获取数据分析报表

【案例12-1】某手机超市营收数据程序自动化分析。

某个手机超市的老板需要每天下班后对店里当天的营收流水数据进行盘点。由于Excel操作简便,老板也习惯让员工用Excel来记账,表12-1为2020年10月17日当天的营收表格部分数据示例。

表 12-1 手机超市营收数据显示样例

扫一扫,看视频讲解

手机串码	手机品牌	手机型号	手机颜色	售出数量	出售价格	收入金额
868600050438173	vivo	Y3(4GB+128GB)	粉	1	950.00	950.00
868600050428976	vivo	Y3(4GB+128GB)	粉	1	950.00	950.00
868600050428950	vivo	Y3(4GB+128GB)	粉	1	950.00	950.00
868600050428935	vivo	Y3(4GB+128GB)	粉	1	950.00	950.00
868216059592330	vivo	Y51S(6GB+128GB)	蓝	1	1400.00	1400.00
860614055726993	vivo	X50(8GB+128GB)	浅醺	1	2750.00	2750.00
866874036761618	邓宏伟	金太阳V9洪福	黑	1	80.00	80.00
866874035038729	邓宏伟	金太阳V9洪福	金	1	80.00	80.00
866874034427832	邓宏伟	金太阳V9好声音	红	1	75.00	75.00
866874031308274	邓宏伟	金太阳V9好声音	黑	1	75.00	75.00
860201022869047	邓宏伟	金太阳F818威龙	金	1	120.00	120.00
860201022010972	邓宏伟	金太阳F818威龙	黑银	1	120.00	120.00
862782058302530	OPPO	RENO4SE(8GB+128GB)	白	1	2150.00	2150.00
862782052805553	OPPO	RENO4SE(8GB+128GB)	蓝	1	2150.00	2150.00
861012059849995	OPPO	A72(8GB+128GB)	霓虹	1	1550.00	1550.00
860879051209035	OPPO	A8(4GB+64GB)	青	1	800.00	800.00
860879051208532	OPPO	A8(4GB+64GB)	青	1	800.00	800.00
860879051025894	OPPO	A8(4GB+64GB)	红	1	800.00	800.00

老板想对当天各手机品牌的营收情况进行统计,直接使用Excel的透视分析结果就可以完成,还可以绘制出营收统计图,如图12-1所示。

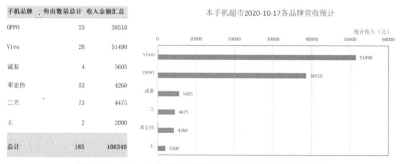

图 12-1 Excel 分析呈现当天的营收报表和条形图

可是由于超市每天都会营业，每天都会有大量的数据需要统计汇总。老板晚上都需要花不少时间来整理汇总数据，非常头疼。如果能使用Python编程自动完成汇总统计，而且定时形成报表文件，老板只需要到指定的目录查看报表文件就能对当天的收入了如指掌，老板势必异常开心。

下面使用Python编写一个小程序帮助老板完成自动获取数据分析报表任务。

【Step1】开发 Python 程序完成数据分析任务

在Spyder新建一个Python文件，并命名为"超市营收汇总.py"文件（本书代码托管时另存为Chapter12-1.py）。

这里假定老板特别要求员工使用Excel来记录当天的销售流水数据，因此文件命名格式为"当天日期手机超市营收数据.xlsx"。例如，上述表为2020-10-16制作，此时Excel文件就命名为"2020-10-16手机超市营收数据.xlsx"。同时在营收数据存放的同级别目录下通过编程来自动创建名为"超市自动分析报表"的文件夹，用于存放自动分析结果。

```
# -*- coding: utf-8 -*-
"""
Created on Sat Sep 19 09:19:40 2020
@author: peter.cao
name: 超市数据自动报表处理程序
"""


#1. 导入相关库
import pandas as pd
import matplotlib.pyplot as plt
import datetime
import os


#2. 读入营收数据 Excel 表生成 dataframe
#  设置当天时间
currentDate = datetime.date.today()
#  读入 Excel 文件名
filename = '{} 日手机超市营收数据 .xlsx'.format(currentDate)
#  读入 Excel 文件数据
df = pd.read_excel(filename)


#3. 分品牌汇总统计
bandIncome=df.groupby([' 手机品牌 '])[' 售出数量 ',' 收入金额 '].sum()
#  对收入金额进行排序
bandIncome=bandIncome.sort_values(by=[' 收入金额 '])
#  获取手机品牌名称序列
phoneBand=bandIncome.index
```

```
#  获取分品牌汇总售出数量序列
phoneNumber=bandIncome[' 售出数量 '].values
#  获取分品牌汇总收入序列
phoneIncome=bandIncome[' 收入金额 '].values

#  总收入和数量汇总计算，并添加到分组统计 dataframe 对象中
totalIncome = df[' 收入金额 '].sum()
totalNumber = df[' 售出数量 '].sum()
bandIncome.loc[' 营收汇总 ']=[totalNumber,totalIncome]

#4. 绘制水平柱状图
f, ax = plt.subplots(figsize=(10,6))
#  设置显示中文
plt.rcParams['font.sans-serif']='simhei'
#  绘制水平条形图
b1 = ax.barh(phoneBand,phoneIncome, label=' 收入金额 ',color='#f60',height=0.5)
#  添加数字标注
for a,b in zip(phoneBand,phoneIncome):
    ax.text(b,a,str(b),ha='center', va='bottom', fontsize=10,color='blue')
#  设置标题
ax.set_title(" 本超市 {} 各品牌营收统计 ".format(currentDate))
ax.set_xlabel(" 统计收入（元）")

#5. 处理结果输出到本地磁盘
#  自动创建一个目录
directoryName=' 超市自动分析报表 '
if not os.path.exists(directoryName):
    os.mkdir(directoryName)
#  将图形输出到磁盘，保存格式为 png
plt.savefig(directoryName+"//{} 各品牌营收统计条形图 .png".format(currentDate))
#  将数据输出到磁盘，输出格式为 xlsx
bandIncome.to_excel(directoryName+"//{} 手 机 超 市 数 据 分 析 结 果 .xlsx".
format(currentDate))
```

【Step2】使用 pyinstaller 将数据分析程序打包

本步中使用pyinstaller库将上述"超市营收汇总.py"文件打包为可执行程序。

在Windows操作系统下进入cmd命令行窗口，首先使用pip工具下载安装pyinstaller库，然后就可以使用pyinstaller进行打包了。具体语法：

```
pyinstaller -F -w 程序名称 .py
```

在本案例中执行如下命令，示例过程如图12-2所示。

```
pyinstaller -F -w 超市营收汇总 .py
```

图 12-2　pyinstaller 打包示例

在打包过程执行结束后就会在同级别目录下生成一个dist目录，打包生成的可执行程序就存放在该目录下。打包结束后可以将程序复制到别的磁盘，便于后续使用。

【Step3】运行可执行程序自动完成数据分析

将每日营收数据Excel文件放到可执行程序文件同级别目录下，双击该超市营收汇总可执行程序，便可以自动生成相关分析报表，如图12-3所示。

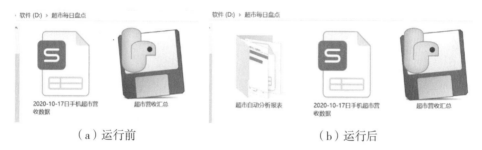

（a）运行前　　　　　　　　　　　　（b）运行后

图 12-3　超市数据自动分析程序效果：运行前和运行后

打开【超市自动分析报表】目录，里面存放的就是程序自动生成的分析报表Excel文件和统计图，如图12-4所示。

手机品牌	售出数量	收入金额
王	2	2000
邓宏伟	53	4260
二立	73	4475
诚泰	4	5605
OPPO	23	38510
vivo	28	51490
营收汇总	183	106340

图 12-4　Python 自动分析结果

有了这个超市营收汇总的可执行程序，老板只需要每天让员工将营收数据记录好后放到与可执行程序同级别目录下，然后晚上盘点时双击程序运行，就可以很快得到当天的分析报表，效率大为提高。

【Step4】设置定时任务让程序自动执行数据分析及报表呈现

其实对老板而言，他可能更喜欢直接看到结果，而不是需要再去执行程序操作。此时可以使用Windows系统的定时执行任务完成这个工作。

设置定时任务有两种方式，一种是利用计算机管理的任务计划程序通过向导一步步添加，另外一种就是使用命令行，写入脚本完成定时任务的设置。前一种方法读者可以自行按照向导一步步完成，非常简单。

这里介绍一下使用命令行方式来设置定时任务，基本语法为：

```
schtasks /create /sc [DAILY] /tn [TestName] /tr [D:/Test.exe] /st [15:00] /sd
[2018/04/11] /ed [2020/04/11]
```

命令脚本中带"[]"号的为需要填入的参数。例如，设置本案例中的定时计划，需要使用管理员身份运行命令提示符窗口（cmd窗口），然后输入如下脚本：

```
schtasks /create /sc DAILY /tn 超市汇总程序 /tr D:/超市每日盘点/超市营收汇总.exe /st
21:00 /sd 2020/10/17 /ed 2022/10/17
```

输入完成后按Enter键执行就设定了一个定时执行任务，本案例设定了每日晚9点定时进行超市盘点分析，如图12-5所示。

图 12-5　创建定时任务脚本示例

有了定时执行，老板就省事多了，程序自动帮他每天完成盘点统计。而老板只需要21点以后打开计算机就可以看到当天的报表统计，那他就有更多时间来思考如何拓展业务、增加销售、扩大规模了。

12.3　升级第二步：使用 Python 编程自动发送数据分析报告邮件

对于公司的管理人员而言，业务繁杂、会议较多，会导致许多事情无法兼顾，从而显得时间非常宝贵。而从其自身职责来说，他必须对公司或部门的营收状况非常清楚，才能制定出合理的决策和发展计划。作为数据分析人员，除了使用Python编程自动完成数据分析形成报表外，还可以在程序中加入邮件发送代码将数据报表自动发送给相关负责人。

12.3.1　Python 编程发送电子邮件技术基础

SMTP（Simple Mail Transfer Protocol）即简单邮件传输协议，是一组用于从源地址到目的地址传送邮件并控制信件的中转方式的规则。smtplib是使用Python语言对SMTP协议进行封装的第三方库，利用这个库就可以编程发送邮件。

打开Spyder模块，新建一个Python文件，然后编程实现电子邮件发送（本书代码托管时另存为Chapter12-2.py）。下面将实现过程简述如下：

步骤1：导入smtplib和email两个第三方库。

```
import smtplib                              # 导入邮件协议库
import email                                # 导入 email 库
from email.mime.text import MIMEText        # 导入发送文本内容包
from email.mime.image import MIMEImage      # 导入发送图片包
```

这两个库在安装Anaconda发行版时已经安装到了本地，因此如果采用Anaconda发行版开发时，就不用再安装这两个库。如果采用其他如IDLE、PyCharm等开发环境时，就需要使用pip工具安装这两个库。

步骤2：设置邮箱域名、端口号信息，发送和接收地址信息。

```
host = 'smtp.qq.com'                        # 使用 qq 邮箱
port = '465'                                # qq 邮箱服务器的端口号
sender = '412308234@qq.com'                 # 发送者的示例邮箱
password = 'pqcigskgvayicbef'               # 示例授权码
receiver = 'caoln2003@126.com'              # 接收者的邮箱
```

国内公司包括网易、腾讯、新浪、搜狐等都提供SMTP服务器，所以如果注册过这些公司提供的邮箱服务，可以登录邮件页面后从设置菜单中找到相应的设置信息。

例如，作者在进行案例讲解时使用了QQ邮箱，登录后进入设置菜单开启SMTP服务（见图12-6），然后根据提示获得授权码。

图 12-6　QQ 邮箱开启 SMTP 服务

步骤3：准备发送邮件的主题内容。

```
# 设置邮件内容
content=" 尊敬的领导：您好！我是曹鉴华，我已经到达了北京，下次再见！ "
# 设置邮件标题
subject=" 我已经抵达北京 "
# 构建 message 对象，如果内容为文本类型，使用格式为 plain，如果内容为 HTML 格式，则将内容格
# 式修改为 html，utf-8 为编码方式
message = MIMEText(content,'plain','utf-8')
message['From'] = sender
message['To'] = receiver
message['Subject']=subject
```

步骤4：编写代码登录邮箱发送邮件。

```
email_client = smtplib.SMTP_SSL(host, port)          # 获取 SMTP 协议证书
try:
    login_result = email_client.login(sender, password) # 登录邮箱
```

```
    # 发送邮件
    email_client.sendmail(from_addr=sender, to_addrs=receiver, msg=message.as_ string())
    email_client.close()                              # 关闭邮件发送客户端
    print('邮件发送成功!')
except:
    print('发送失败!')
```

将上述代码保存为"邮件发送示例.py"，然后运行程序。终端显示"邮件发送成功"消息时表明程序正确执行，邮件已经通过编程发送成功。笔者登录填写的126邮箱，证实收到了程序发送的邮件，如图12-7所示。

图 12-7　确认编程发送电子邮件成功

为了便于后续的使用，将发送邮件的代码进行封装，将content、subject、receiver、pattern、attach_flag、filename作为函数的变量，并将整个文件命名为EmailTargets.py（本书代码托管时另存为Chapter12-3.py）。

其中，pattern格式与content内容有关，当content内容为文本字符串时，则使用plain或html格式；当content内容为二进制文件，如图形文件或文字处理程序，则需要使用base64编码。attach_flag为是否有附件标识，默认值为0，即不含附件。

整体代码参考如下：

```
# -*- coding: utf-8 -*-
# 导入第三方库
import smtplib
import email
from email.mime.text import MIMEText
from email.mime.image import MIMEImage
from email.mime.multipart import MIMEMultipart
from email.mime.base import MIMEBase
from email.header import Header
from email import encoders

# 封装发送邮件函数
def emailSendTexts(content,subject,receiver,pattern,attach_flag=0,filename=''):
    # 有关smtp服务器信息、发送方和接收方的邮件信息
    host = 'smtp.qq.com'                    # 使用qq邮箱
    port = '465'                            # qq邮箱服务器的端口号
```

```
sender = '412308234@qq.com'          # 发送者的邮箱
password = 'pqcigskgvayicbef'         # 授权码


# 构建 message 对象
#    当 attach_flag 不为 0 时则需要处理附件
if attach_flag:
    message =MIMEMultipart()
    # 设置邮件主题内容
    message_content = MIMEText(content,pattern,'utf-8')
    message.attach(message_content)
    message['Subject'] = Header(subject)
    # 处理附件文件
    att = MIMEBase('application', 'octet-stream')
    att.set_payload(open(filename, 'rb').read())
    att.add_header('Content-Disposition', 'attachment', filename=('gbk', '', filename) )
    encoders.encode_base64(att)
    message.attach(att)


#    当 attach_flag 为 0 时不带附件
else:
    message = MIMEText(content,pattern,'utf-8')
    message['From'] = sender
    message['To'] = receiver
    message['Subject'] = subject


# 发送邮件内容
email_client = smtplib.SMTP_SSL(host, port)
try:
    login_result = email_client.login(sender, password)
    email_client.sendmail(from_addr=sender, to_addrs=receiver, msg=message.as_string())
    email_client.close()
    print(' 邮件发送成功! ')
except:
    print(' 发送失败! ')
```

12.3.2 实现 Python 自动发送数据分析报告邮件

如果要编程发送数据分析报告，可以考虑两种方式：第一种为将分析报告使用附件形式发送到老板邮箱；第二种为将分析报告在电子邮件中以HTML格式发送。这两种方式都可以设置为定时任务，这样每天21点后老板可以直接在其电子邮箱中查看当天的营收统计报表。

【案例12-2】数据分析报告以邮件附件形式自动发送。

以【案例12-1】中手机超市数据分析为例，通过编程已经获得了数据分析结果，下面增加报表的邮件发送代码（本书代码托管时另存为Chapter12-4.py）。

这里直接使用12.3.1小节中定义好的EmailTargets.py文件，将其当作模块对象导入"超市营收汇总.py"文件中。然后在【step1】中编写的"超市营收汇总.py"文件尾部追加如下代码：

```
#6.电子邮件发送给老板
subject = '营收数据汇总'
content = '尊敬的领导：\n'
content+='    这是今天的超市营收数据汇总，具体内容请见附件。谢谢！祝您工作愉快！'
receiver = 'caoln2003@126.com'              # 邮件接收地址，可以使用列表方式发送给多个地址
pattern = 'plain'
attach_flag = 1
filename = directoryName+"//{}手机超市数据分析结果.xlsx".format(currentDate)
# 导入
EmailTargets.emailSendTexts(content,subject,receiver,pattern,attach_flag=1,filename=filename)
print("发送成功！")
```

测试一下程序，运行结束后去邮箱中查看，发现已经新增了一封邮件，内容显示如图12-8所示。

图 12-8　数据分析报告邮件接收测试效果

【案例12-3】数据分析报告以HTML网页形式自动发送。

如果不想以附件方式发送数据分析报表，可以使用HTML网页格式将报表结果通过邮件发送给老板或管理人员。这种操作方法需要使用pandas库将数据分析结果输出为HTML文件，然后在编写邮件发送代码时读入该文件。

继续使用12.3.1小节中定义好的EmailTargets.py文件，将其当作模块对象导入到"超市营收汇总.py"文件中，同时修改一下"超市营收汇总.py"代码。具体内容参考如下：

```
# -*- coding: utf-8 -*-
"""
Created on Sat Oct 17 09:19:40 2020
@author: peter.cao
name: 超市数据自动报表处理及 HTML 格式邮件发送程序
```

```
"""
#1. 导入相关库
import pandas as pd
import matplotlib.pyplot as plt
import datetime
import os
import EmailTargets


#2. 读入营收数据 Excel 表生成 dataframe
#   设置当天时间
currentDate = datetime.date.today()
#   读入 Excel 文件名
filename = '{} 日手机超市营收数据 .xlsx'.format(currentDate)
#   读入 Excel 文件数据
df = pd.read_excel(filename)


#3. 分品牌汇总统计开展数据分析
bandIncome=df.groupby([' 手机品牌 '])[' 售出数量 ',' 收入金额 '].sum()
#   总收入和数量汇总计算，并添加到分组统计 dataframe 对象中
totalIncome = df[' 收入金额 '].sum()
totalNumber = df[' 售出数量 '].sum()
bandIncome.loc[' 营收汇总 ']=[totalNumber,totalIncome]


#4. 处理结果输出到本地磁盘
#   自动创建一个目录
directoryName=' 超市自动分析报表 '
if not os.path.exists(directoryName):
    os.mkdir(directoryName)
#   将数据分析结果输出为 HTML 网页
htmlName = directoryName+"/{} 手机超市数据分析结果 .html".format(currentDate)


# 将数据输出到磁盘，输出格式为 html
bandIncome.to_html(htmlName)


#5. 将数据分析结果通过电子邮件发送给老板
# 设置邮件标题
subject = ' 营收数据汇总 '
# 读入生成的 html 文件，获取 html 格式的报表内容
html = open(htmlName,encoding='utf-8').read();
# 设置 css 样式，用于设置表格显示
css_style = '''
```

```
            <style>
            table{border-collapse: collapse;}
                    td{width:100px;text-align:center;}
            </style>'''
# 构建网页整体源代码
content = '''
            <html>
                <head><title> 营收数据汇总报表 </title>
                {css}
                </head>
                <body>
                    <h3>{date} 日分品牌营收统计汇总 </h3>
                    {content}
                </body>
            </html>
'''.format(css=css_style,date=currentDate,content=html)
# 设置老板或负责人邮箱，设置为列表时为多个联系人邮箱
receiver = 'caoln2003@126.com'
# 内容为 HTML 时，格式类型设置为 html
pattern = 'html'
# 调用 EmailTargets 模块的 emailSendTexts 方法发送电子邮件
EmailTargets.emailSendTexts(content,subject,receiver,pattern)
```

将上述代码保存为Chapter12-5.py，然后单击执行，就可以将数据分析报表以HTML方式发送给老板或负责人。本案例中继续使用笔者个人邮箱作为接收方，新接收到的邮件样式和内容如图12-9所示。

营收数据汇总

发件人: 412308234<412308234@qq.com>
收件人: 我<caoln2003@126.com>
时 间: 2020年10月18日 12:19 (星期日)

云原生QKE直降¥24889，券后2998元包年！立即抢购>>

2020-10-18日分品牌营收统计汇总

手机品牌	售出数量	收入金额
OPPO	38	64175
Vivo	41	71860
二立	91	5775
王	4	4000
诚泰	4	5605
邓宏伟	66	5165
营收汇总	244	156580

图 12-9　HTML 格式数据分析报告邮件接收测试效果

这样就很轻松地实现了同时完成数据分析和报表邮件发送的任务。只要准备的数据格式类型相同，所有的数据分析与结果呈现都可以直接让程序自动化实现，而且通过设置定时任务，在数据分析结果完成时就自动将报表以邮件方式发送到老板手上。

12.4　升级第三步：使用Python编程直接生成数据分析PowerPoint演示报告

数据分析步骤较多，指标复杂，任务繁重。除了编程实现报表自动生成、发送邮件外，还可以使用Python来制作汇报多媒体，这给职场人士带来了极大的便利，工作效率会得到更大的提升。

下面介绍如何使用Python编程来创建数据分析演示报告文件。

12.4.1　Python 编程创建 PowerPoint 演示文件

在Spyder模块中新建一个Python文件，命名为Chapter12-6.py。然后编写代码生成PowerPoint演示报告文件。下面简述实现过程。

步骤1：下载安装第三方库Python-pptx。

Python制作PowerPoint演示文件需要使用第三方库Python-pptx，其官网文档地址为https://Python-pptx.readthedocs.io/en/latest/user/quickstart.html。首先使用pip或者conda工具下载安装该库，如图12-10所示。

图 12-10　使用 pip 工具安装 Python-pptx 库

步骤2：使用Python-pptx库制作简单的演示文稿。

在Chapter12-6.py文件中输入如下代码：

```python
from pptx import Presentation                    # 导入演示文稿类

prs = Presentation()                             # 实例化演示文稿
title_slide_layout = prs.slide_layouts[0]        # 设定演示文稿的版式为标题幻灯片
slide = prs.slides.add_slide(title_slide_layout)    # 创建第一个幻灯片
title = slide.shapes.title                       # 获取演示文件的标题类
subtitle = slide.placeholders[1]                 # 获取演示文件的副标题类
```

```
title.text = "Hello, World!"                    # 设置标题的 text 属性内容
subtitle.text = "Python-pptx was here!"         # 设置副标题的内容

prs.save('test.pptx')                           # 保存演示文稿
```

执行上述代码后，就会在当前目录下生成一个test.pptx演示文稿文件。打开后效果如图12-11所示。

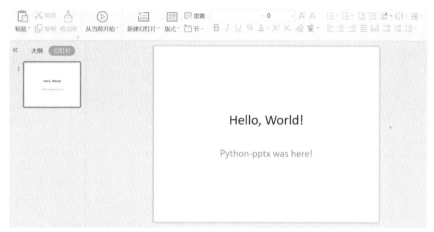

图 12-11　基于 Python-pptx 库生成的演示文稿效果

代码中的 prs.slide_layouts[0]为多媒体版式设计，序号0代表第1个版式，即标题幻灯片；序号6为第7个版式，为空白幻灯片。可以打开一个演示文稿文件，右击选择【版式】菜单，默认显示了11个版式，如图12-12所示。

图 12-12　演示文稿默认 11 个版式

在编程创建幻灯片时，可以根据自己的需要来选择上述的版式。下面选择第7个版式，即空白版式来创建带文本框、表格和图表的幻灯片。这3种元素文本框、表格、图表都属于幻灯片类

里的形状对象，直接使用add方法可以添加到幻灯片中，然后分别设置各对象的内容即可。

直接在Chapter12-6.py文件上追加相关内容。代码参考如下：

```python
# 导入第三方库
import datetime
from pptx import Presentation
from pptx.util import Inches
from pptx.dml.color import ColorFormat, RGBColor
from pptx.chart.data import CategoryChartData
from pptx.enum.chart import XL_CHART_TYPE


prs = Presentation()                                    # 实例化演示文稿


# 创建第 1 张幻灯片：显示演示文稿内容和作者
title_slide_layout = prs.slide_layouts[0]               # 设定演示文稿模板
slide = prs.slides.add_slide(title_slide_layout)        # 创建幻灯片
title = slide.shapes.title                              # 获取演示文件的标题类
subtitle = slide.placeholders[1]                        # 获取演示文件的副标题类


currentDate = datetime.date.today()                     # 设置当天时间
title.text = str(currentDate)+" 日数据分析报告 "          # 设置标题的 text 属性内容
subtitle.text = " 汇报人：曹鉴华 "                         # 设置副标题的内容


# 创建第 2 张幻灯片，用于显示图表内容
blank_slide_layout = prs.slide_layouts[6]               # 设定演示文稿版式为空白
slide = prs.slides.add_slide(blank_slide_layout)        # 创建一张幻灯片
shapes = slide.shapes                                   # 创建幻灯片形状对象


# 在顶部增加一个文本框用于内容标注
left = top = width = height = Inches(0.5)               # 设置文本框尺寸，以英寸为单位
txBox = shapes.add_textbox(left,top,width,height)       # 在指定位置增加一个文本框
tf = txBox.text_frame                                   # 生成文本框内文本对象
tf.text = " 数据分析演示表 "                               # 设置文本内容


# 在文本框内增加一个段落对象
p = tf.add_paragraph()                                  # 在文本框内增加一个段落对象
p.text=" 本表为数据分析结果，目前仅提供每日统计结果 "        # 设置段落文本内容
p.font.color.rgb=RGBColor(255, 0, 0)                    # 设置文本颜色


# 在文本框下方增加一个表格对象
left=top=Inches(1.5)                                    # 设置段落起始的位置，以距离左上角为标准
width=Inches(8)                                         # 设置表格的宽度
```

```
rows=cols=2                                                    # 设置表格的行列数
table = shapes.add_table(rows,cols,left,top,width,height).table # 增加表格对象
# 设置表格单元格里的内容
table.cell(0,0).text="Foo"
table.cell(0,1).text="Bar"
table.cell(1,0).text="123"
table.cell(1,1).text="456"


# 在表格下方增加一张柱状图表
chart_data = CategoryChartData()                              # 实例化分类型图表对象
chart_data.categories = ['East', 'West', 'Midwest']          # 设置分类列表
chart_data.add_series('Series 1', (19.2, 21.4, 16.7))        # 增加数据系列

x, y, cx, cy = Inches(2.5), Inches(2.5), Inches(6), Inches(3.5) # 设置图表边距和尺寸
shapes.add_chart(XL_CHART_TYPE.COLUMN_CLUSTERED, x, y, cx, cy,chart_data)


# 保存演示文稿
prs.save('test.pptx')
```

执行上述代码后，就会将之前生成的test.pptx更新，打开后效果如图12-13所示。

图 12-13　数据分析演示文稿创建案例

代码中有关图表对象的更多设置方法，读者可以进入Python-pptx的官网文档查看，链接地址为https://Python-pptx.readthedocs.io/en/latest/user/charts.html。

💻 12.4.2　Python 自动创建数据分析演示报告

通过上面pptx库的使用，相信读者已经基本了解了创建幻灯片文件的方法和思路。接下来继续使用本章手机超市营收案例来编程实现自动完成数据分析任务，同时创建Excel格式的报表文件和PowerPoint演示文稿。

【案例12-4】开发Python程序创建数据分析报表多媒体汇报文件。

由于前面程序中已经实现了手机超市营收流水账目的数据分析，这部分代码可以直接继续使用。对于实现生成汇报多媒体的代码任务，需要考虑幻灯片的表格和图表绘制过程中的需求来准备相应的数据。

在Spyder中新建Chapter12-7.py文件，完成数据分析、数据报表（Excel文件）创建和数据汇报（多媒体文件）创建的代码编写。

```python
# 步骤 1：导入所需要的第三方库和包
import pandas as pd
import matplotlib.pyplot as plt
import datetime,os
from pptx import Presentation
from pptx.util import Inches
from pptx.dml.color import ColorFormat, RGBColor
from pptx.chart.data import CategoryChartData
from pptx.enum.chart import XL_CHART_TYPE


# 步骤 2：基于 pandas 完成营收数据的数据分析
# 设置当天时间
currentDate = datetime.date.today()
# 读入 Excel 文件名
filename = '{} 日手机超市营收数据 .xlsx'.format(currentDate)
# 读入 Excel 文件数据
df = pd.read_excel(filename)
# 分品牌汇总统计开展数据分析
bandIncome=df.groupby([' 手机品牌 '])[' 售出数量 ',' 收入金额 '].sum()
# 总收入和数量汇总计算，并添加到分组统计 dataframe 对象中
totalIncome = df[' 收入金额 '].sum()
totalNumber = df[' 售出数量 '].sum()
bandIncome.loc[' 营收汇总 ']=[totalNumber,totalIncome]


# 步骤 3：将数据报表分析结果以 Excel 格式输出到本地磁盘
# 自动创建一个目录
directoryName=' 超市自动分析报表 '
if not os.path.exists(directoryName):
    os.mkdir(directoryName)
# 将数据分析结果输出为 Excel 文件
excelName = directoryName+"//{} 手机超市数据分析结果 .xlsx".format(currentDate)
# 将数据输出到磁盘，输出格式为 xlsx
bandIncome.to_excel(excelName)
print(" 处理结果已经存为 Excel 文件 ")


# 步骤 4：将数据报表分析结果以 ppt 格式输出到本地磁盘
prs = Presentation()                          # 实例化演示文稿


# 创建第 1 张幻灯片：显示演示文稿内容和作者
```

```
title_slide_layout = prs.slide_layouts[0]                              # 设定演示文稿模板
slide = prs.slides.add_slide(title_slide_layout)                       # 创建第一个演示文件
title = slide.shapes.title                                             # 获取演示文件的标题类
subtitle = slide.placeholders[1]                                       # 获取演示文件的副标题类
currentDate = datetime.date.today()                                    # 设置当天时间
title.text = str(currentDate)+" 日数据分析报告 "                        # 设置标题的 text 属性内容
subtitle.text = " 汇报人: 曹鉴华 "                                      # 设置副标题的内容


# 创建第 2 张幻灯片, 用于显示数据分析报表
blank_slide_layout = prs.slide_layouts[6]                              # 设定演示文稿版式为空白
slide = prs.slides.add_slide(blank_slide_layout)                       # 创建一张幻灯片
shapes = slide.shapes                                                  # 创建幻灯片形状对象


# 在上部增加一个文本框用于内容标注
left = top = width = height = Inches(0.5)                              # 设置文本框尺寸, 以英寸为单位
txBox = shapes.add_textbox(left,top,width,height)                     # 在指定位置增加一个文本框
tf = txBox.text_frame                                                  # 生成文本框内文本对象
p = tf.add_paragraph()                                                 # 在文本框内增加一个段落对象
p.text=" 数据汇总统计结果如下 :"                                        # 设置段落文本内容
p.font.color.rgb=RGBColor(255, 0, 0)                                  # 设置文本颜色


# 在文本框下方增加一个表格对象
# 首先确定表格的行列数, 以分析结果的维度来确定
rows,cols = bandIncome.shape[0],bandIncome.shape[1]
left,top,width,height=Inches(2),Inches(1.5),Inches(6),Inches(3)
# 设置段落起始的位置, 以距离左上角为标准
table = slide.shapes.add_table(rows+1,cols+1,left,top,width,height).table  # 增加表格对象


# 然后设置表格单元格里的内容
# 以属性列值作为表头
table_headers=[item for item in bandIncome.columns]
table.cell(0,0).text=' 手机品牌 '
for col in range(cols):
    table.cell(0,col+1).text=table_headers[col]


# 将分析结果填充到表格单元格
# 第一列为品牌列
for row in range(rows):
    table.cell(row+1,0).text=bandIncome.index[row]
for row in range(0,rows):
    for col in range(0,cols):
        table.cell(row+1,col+1).text=str(bandIncome.values[row][col])
```

```
# 在表格下方增加一张分析图表
chart_data = CategoryChartData()                               # 实例化分类型图表对象
chart_data.categories = bandIncome.index[:-1]                  # 设置分类列表
chart_data.add_series('Series 1', bandIncome[' 收入金额 '][:-1]) # 增加数据系列

x, y, cx, cy = Inches(2), Inches(5), Inches(6), Inches(2.5)    # 设置图表边距和尺寸
chart = shapes.add_chart(XL_CHART_TYPE.COLUMN_CLUSTERED, x, y, cx, cy, chart_data)
# 创建一个图表对象
category_axis = chart.chart.category_axis                      # 获取绘图对象的 category_axis 轴
category_axis.tick_labels.font.italic = True                   # tick_labels 为图表下标签，设置为斜体
category_axis.tick_labels.font.size = Pt(13)                   # 下标签字体大小
category_axis.tick_labels.font.color.rgb = RGBColor(255, 0, 0) # 下标签字体颜色

value_axis = chart.chart.value_axis                            # 获取绘图对象的属性值轴
value_axis.tick_labels.font.size = Pt(13)                      # 下标签字体大小

# 将 ppt 输出到本地
pptName = directoryName+"//{} 手机超市数据分析汇报多媒体 .pptx".format(currentDate)
prs.save(pptName)                                              # 保存演示文稿
```

代码编写完成，运行代码后就会在当前目录下同时生成名为"当前日期手机超市数据分析结果"的Excel文件和PPT多媒体汇报文件。使用PowerPoint打开该多媒体文件，就会呈现如图12-14所示的内容。

图 12-14　手机超市数据分析汇报多媒体创建案例

至此，使用Python编码就实现了数据分析报表的Excel和PowerPoint两种方式的呈现。可以使用pyinstaller将本案例代码打包成可执行程序，还可以去设置定时执行任务，实现完全自动数据分析。

对于演示文稿，在程序中有关图表、字体等元素的样式属性设置显然不如在PowerPoint中使用鼠标设置方便，如果读者有足够的耐心，可以仔细阅读pptx库的相关文档，如使用模板、图片

等样式的代码来创建漂亮的演示文稿。限于篇幅和主题内容，这里不再赘述，请有兴趣的读者自行阅读pptx库的官方文档学习相关设置知识。

12.5 本章小结

　　本章使用Python程序完成了Excel表格数据的自动处理和分析，并且可以将分析结果输出为Excel报表文件、HTML网页格式文件、邮件附件、PowerPoint演示文稿等多种形式，充分体现了Python自动化数据分析的优势。而对于大数据集的处理和分析，Python更是首选工具。如果存在周期性的任务，完全可以利用Python来实现数据集的智能化、自动化、定时化处理和分析，并将报表结果定时发送给相关负责人。

附录　Excel 与 Python 数据分析方法实现对比概要表

本书对比介绍Excel和Python在数据分析各个阶段中的实现步骤和方法，为便于读者快速阅读和查询，现将实现过程及方法概要的附录列表如下：

数据任务		具体需求	Excel 实现	Python 实现
获取数据	导入数据文件	导入 Excel 文件	直接打开文件	pandas.read_excel(filename)
		导入 CSV 文件	直接打开文件	pandas.read_csv(filename)
		导入 Text 文本文件	打开文件，设定分隔符	pandas.read_table(filename,sep=" \t")
	导入数据库源数据	导入 SQLServer 数据库数据	建立与数据库的连接然后读入	pandas.read_sql(sql,conn)
		导入 MySQL 数据库数据		
	爬取网络数据	爬取网页表格数据	PowerQuery 获取网络表格数据	pandas.read_html(url)
		爬取网页文本类数据	无法实现	Requests+Beautifulsoup 爬虫组合
		爬取网页图片类数据	无法实现	Requests+Beautifulsoup 爬虫组合
认识数据	了解数据	查看部分数据	打开查看	df.head()/df.tail()
		查看数据类型	打开查看	df.info()
		熟悉数据分布	选择数据后查看基本统计	df.describe()
数据预处理	缺失值处理	缺失值检查	定位条件筛选	df.isnull()
		缺失值删除	直接删除	df.drop()
		缺失值替换 / 填充	Ctrl+Enter 键替换	df.fillna()
	重复值处理	发现重复值	重复值菜单选择单击	df.value_counts()
		重复值处理	删除重复值菜单单击	df.drop_duplicates()
	异常值检测	检测异常值	自定义筛选	df [数值条件范围]
		处理异常值	替换操作	df.replace()
	数据类型转换	数据类型转换	选择类型切换	df.astype()
	建立数据索引	建立数据索引	修改字段名称	df.set_index()
数据选择	行列选择	选择单行数据	直接选择	df.iloc(index)
		选择单列数据	直接选择	df [colsName]
		选择多行数据	Ctrl+ 左键选择	df.iloc[start:end]
		选择多列数据	Ctrl+ 左键选择	df [colsName,colsName1]
	区域选择	普通索引	无	df.loc()
		切片索引	无	df.iloc[start:end,start:end]
	多表合并	横向合并	Vlookup 函数	df.merge(df1,df2)
		纵向合并	复制	df.concat(objs)

数据任务		具体需求	Excel 实现	Python 实现
数据运算	算术运算	基本四则运算	公式 + 填充句柄	df[cols]+df[cols2]
		多表运算	公式 + 填充句柄	df1[cols]+df2[cols2]
	比较运算	比较运算	if 语句	df[cols]>df[cols2]
	汇总统计	基本汇总	统计函数 Average、Max、Min 等	df.sum()/df.mean()/df.max()
		更多汇总统计	Mode 函数 /Median 函数	df.median()/df.mode()
	相关运算	相关系数运算	Corr 函数	df[cols].corr(df[cols])
数据分组	数据分组	分类汇总	分类汇总菜单单击	df.groupby(key)
		分类统计	分类汇总选择统计	df.groupby(key).agg(fun)
	数据透视	数据透视分析	数据透视表菜单单击	df.pivot_table(data)
时序运算	获取时间	获取当前时间	使用日期函数	datetime 库
	时间类型转换	字符串与时间转换	格式转换菜单	dateutil.parser.parse
	时间运算	时间运算	直接计算	timedelta 函数
数据可视化	绘制画布及坐标系	绘制画布	单击选择图形可视化菜单设置	matplotlib.pyplot.figure()
		绘制坐标系		matplotlib.pyplot.subplots(121)
		设置坐标轴		matplotlib.pyplot.xlabel(str)
		设置图表标题		matplotlib.pyplot.title(str)
		设置图例		matplotlib.pyplot.legend(loc)
		设置数据标签		matplotlib.pyplot.text(x,y,s)
		保存为图片		matplotlib.pyplot.savefig(name)
	绘制不同类型图表	绘制折线图	选择数据，选择折线图	matplotlib.pyplot.plot(data)
		绘制散点图	选择数据，选择散点图	matplotlib.pyplot.scatter(data)
		绘制柱状图	选择数据，选择柱状图	matplotlib.pyplot.bar(data)
		绘制直方图	选择数据，选择直方图	matplotlib.pyplot.histogram(data)
		绘制条形图	选择数据，选择条线图	matplotlib.pyplot.barh(data)
		绘制饼图	选择数据，选择饼图	matplotlib.pyplot.pie(data)
		绘制气泡图	选择数据，选择气泡图	matplotlib.pyplot.scatter(data)
		绘制雷达图	选择数据，选择雷达图	matplotlib.pyplot.polar(data)
		绘制热力图	选择数据，选择热力图	matplotlib.pyplot.imshow(data)
		绘制组合图	选择数据，选择组合图	plt.plot(data1) plt.plot(data2)
数据输出	输出到文件	输出到 Excel 文件	直接保存	df.to_excel(filename)
		输出到 CSV 文件	保存为 CSV 格式文件	df.to_csv(filename)
		输出到 Text 文件	保存为制表符 TEXT 文件	df.to_csv(filename)
	输出到数据库	输出到数据库	无法实现	df.to_sql(tablename,conn)